JARDINAGE

APPLICABLE AUX CONTRÉES

DU SUD ET DU SUD-OUEST DE LA FRANCE

A L'USAGE DE

MM. LES CURÉS, INSTITUTEURS, PROPRIÉTAIRES

PAR

E. ROUS

JARDINIER EN CHEF DE LA FERME-ÉCOLE DES LANDES

MONTFORT-CHALOSSE

Chez M. DUPAYA, limonadier

CHEZ L'AUTEUR, A LA FERME-ÉCOLE DE BEYRIE, PRÈS MUGRON

1870

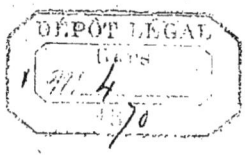

NOUVEAU

GUIDE PRATIQUE DE JARDINAGE

AUCH, IMPR. ET LITH. F. FOIX.

NOUVEAU GUIDE PRATIQUE

DE

JARDINAGE

APPLICABLE AUX CONTRÉES

DU SUD ET DU SUD-OUEST DE LA FRANCE

A L'USAGE DE

MM. LES CURÉS, INSTITUTEURS, PROPRIÉTAIRES

PAR

E. ROUS

JARDINIER EN CHEF DE LA FERME-ÉCOLE DES LANDES

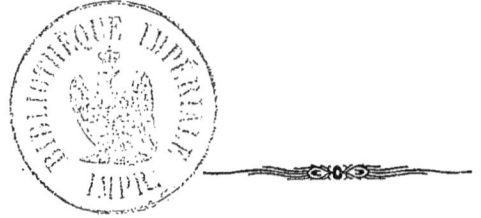

MONTFORT-CHALOSSE

Chez M. DUPAYA, limonadier,

CHEZ L'AUTEUR, A LA FERME-ÉCOLE DE BEYRIE, PRÈS MUGRON.

—

1870

CE COURS DE JARDINAGE

CONTIENT :

1º La culture des plantes potagères;

2º Le calendrier des semis des plantes potagères;

3º La culture du tabac;

4º Un petit traité pratique sur les pépinières des arbres fruitiers;

5º La liste des meilleurs fruits;

6º La liste d'une partie des arbres fruitiers qui sont dans nos pépinières.

INTRODUCTION.

La plupart des ouvrages de jardinage existants ne peuvent point servir de guide aux habitants de nos contrées qui sont à la fois laboureurs et horticulteurs par nécessité. Cela tient à ce que l'époque des semis et la culture des plantes varient suivant les climats. Aussi, beaucoup de personnes ont semé et peu ont récolté; mais avec mes procédés, d'ailleurs peu coûteux, ceux qui confieront des graines quelconques à la terre en récolteront des fruits. D'un autre côté, nous savons que le sol n'est pas partout également favorable à la culture ou au développement de telle ou telle plante légumineuse. Cependant, après une longue expérience et plus de quatre ans d'essais faits et bien réussis dans la Ferme-Ecole des Landes, j'ose affirmer que les jardins de certains propriétaires, et ceux de la presque totalité des laboureurs du sud et du sud-ouest de la France, pourraient donner au moins un produit dix fois plus grand que celui qu'ils donnent actuellement. Cela paraît énorme, impossible même aux yeux de certaines personnes, et pourtant, on peut obtenir ce résultat considérable à l'aide de quelques moyens bien simples. Ce sont ces moyens, ami lecteur, que je vais m'efforcer de vous indiquer en quelques pages, dans lesquelles j'essaierai de m'exprimer d'une manière aussi claire que pratique, afin d'avoir le plaisir et le bonheur d'être compris de vous.

CULTURE DES PLANTES POTAGÈRES.

PLANTES POTAGÈRES.

Les plantes potagères ou légumes sont, d'après moi, presque indispensables à la nourriture de l'homme, et certaines d'entr'elles servent même très avantageusement à la nourriture des animaux.

Dans toutes les parties du monde, on cultive des légumes qu'on ne cultive que peu ou du tout dans notre beau climat de Chalosse, où l'on craint peut-être de ne pas pouvoir parvenir à faire acquérir aux diverses plantes le développement qu'elles peuvent avoir (1). Eh bien! suivez pas à pas les avis de ce petit ouvrage, vous réussirez infailliblement. Alors, la culture des légumes prendra une extension qui vous honorera en portant l'aisance dans votre maison ou en l'augmentant si déjà elle s'y trouve.

Des Coffres.

Les coffres à deux panneaux sont des caisses faites en cœur de chêne; on leur donne la forme d'un cube rectangulaire fermé des quatre côtés, et est ordinairement long de 2 m. 50 c. et large de 1 m. 40 c. à 1 m. 50 c. Chaque cube porte sur le milieu de son côté supérieur ouvert une traverse qui reçoit les châssis; il est pourvu d'un pied à chaque angle, ce qui permet de le hausser à volonté, afin que les plantes ne touchent pas sous le verre. Les coffres doivent être faits en forme de toit pour que l'eau pluviale qui tombe sur les châssis puisse parfaitement s'écouler.

Des Châssis.

Les châssis sont des cadres recouverts de verre pour couvrir les coffres.

---

(1) Je pourrais bien citer des variétés de légumes qui sont cultivés dans la ferme-école; mais comme ils sont de peu d'utilité pour le pays et ne réussissent que mal malgré les soins qui leur sont donnés, je n'en parlerai point.

Des Couches.

Les couches sont de petits monticules de fumier avec lesquels on hâte le développement de certaines plantes qui n'auraient pas le temps de donner des fruits si l'on sacrifiait les graines en pleine terre.

On peut dire, avec juste raison, que les couches sont indispensables en horticulture.

MANIÈRE PRATIQUE DE FAIRE LES COUCHES.

Pour faire des couches, il faut prendre du fumier de cheval qui aura été entassé, huit ou dix jours à l'avance, dans un endroit sec (1). On porte ce fumier sur la terre réservée aux couches; on le divise bien avant de s'en servir; on met ensuite sur le terrain destiné aux couches une couche de feuilles de 0,08 c. ou 0,10 c., pour que l'humidité ne fasse pas décomposer trop promptement le fumier (2). Sur cette couche de feuilles, on met par fourchées et jusqu'à la hauteur de 0,30 c. du fumier bien divisé, en ayant soin de le tasser fortement. Cela fait, on met une seconde couche de feuilles de 0,05 à 0,06 c., et l'on finit de monter ces couches avec du fumier jusqu'à la hauteur de 0,55 à 0,60 c. Arrivés à cette hauteur, on tasse fortement le tas avec les pieds, et l'on arrose en donnant de 30 à 35 litres d'eau à chaque mètre carré pour que la fermentation puisse s'opérer; on place les coffres qu'on recouvre avec les châssis recouverts eux-mêmes avec des paillassons pendant la nuit. Deux jours après, on met une couche de terreau (décomposition des plantes) de 0,20 à 0,25 c.; on peut semer de suite. Il faudrait bien se garder de semer après avoir fait ces couches parce que les gaz malfaisants feraient pourrir les graines. Les couches faites de cette manière suffisent aux plantes que nous aurons besoin de forcer pour notre culture maraîchère.

---

(1) On doit réserver aux couches des endroits secs et abrités.
(2) Il faut construire les couches dans des fosses de 0,40ᶜ ou de 0,45ᶜ de profondeur.

Des Réchauds.

Comme les couches sont quelquefois insuffisantes pour donner aux plantes la chaleur continuelle qui leur est nécessaire, on a recours aux réchauds. Les réchauds se font toujours avec du fumier de cheval chaud sur une largeur de 0,40 ou 0,45 c.; cette largeur varie suivant la chaleur qu'on veut obtenir. Les réchauds se font autour des coffres; on peut les monter à fleur des châssis, et on doit les arroser comme les couches. Il faut bien se garder de donner de l'air quand on vient de faire les réchauds; il est très prudent d'attendre deux ou trois jours pour que les gaz du fumier ne détruisent pas les plantes. On remplacerait l'air pendant ce temps par une petite couche de paille sur les vitres. Sitôt qu'on reconnaît que les réchauds ont perdu leur chaleur, on les renouvelle. Un réchaud est froid lorsque, en y plongeant la main, on n'y trouve pas une température plus élevée que celle du corps humain.

Des Crémaillères.

Les crémaillères sont des morceaux de bois à l'aide desquels on tient les châssis pour donner de l'air aux plantes quand on le juge nécessaire.

Des Paillassons.

Les paillassons sont des espèces de nattes faites avec de la paille de seigle ou de froment qu'on place sur les châssis pour garantir les plantes quand il fait froid et pendant la nuit.

CALENDRIER DES SEMIS.

Calendrier des semis des plantes potagères.

NOMS des PLANTES.	ÉPOQUES PRÉFÉRABLES pour LES SEMIS.	ÉPOQUE à laquelle on peut encore semer.	ÉPOQUE PRÉFÉRABLE pour la plantation, le piquage et le repiquage.	ÉPOQUE à laquelle on peut encore planter, piquer et repiquer.	ÉCLATS ŒILLETONS touffes.	OBSERVATIONS.
Arroche	Février jusq. septembre.	»	»	»	»	
Ail ordinaire	»	»	Octobre, novembre.	Février, mars.	»	
— poireau	»	»	Octobre, novembre.	»	»	
Asperge	Avril, mai.	»	Avril.	»	»	
Aubergine violette	Mars.	»	Mai.	»	»	
— jaune	Mars, avril.	»	»	»	»	
Artichaut	»	»	Octobre, novembre.	Février, mars.	Œilletons.	
Betterave	Mars, avril.	»	»	»	»	
Oiboule	»	»	Octobre, novembre.	Février, mars.	Touffes.	
Chicorée frisée et scarole	De mars en septembre.	»	Avril jusq. octobre.	»	»	
— sauvage	Mars, avril.	»	»	»	Œilletons.	
Cardon	Mai.	»	»	»	»	
Carotte	De février à mai.	Septembre.	»	»	»	
Celeri	Mars, avril.	»	Juin.	»	»	
Cerfeuil	Mars, avril.	»	»	»	»	
Colza	Août.	»	Octobre.	»	»	
Choufleurs	Avril, mai.	»	Juillet.	»	»	
Brocolis	Juillet.	»	Septembre, octobre.	»	»	
Chou de Dax (Culture du)	Avril, mai.	»	Juin.	»	»	
— de Habas et de Milan	Mars, avril.	»	Septembre, octobre.	»	»	
— Cabus	Août.	»	»	»	»	
— raves et navet	Avril.	»	»	»	»	
— de Bruxelles	Avril, mai.	»	Juillet.	»	»	
— de Chine	Août.	»	Octobre.	»	»	
— de Pâques ou cavalier	Août.	»	Octobre.	»	»	
Capucine	Avril.	»	»	»	Eclats.	
Chenillette	Avril, mai.	»	»	»	»	
Concombre ou cornichon	Avril, mai.	»	»	»	»	
Courges	Avril, mai.	»	»	»	»	
Courge orange	Avril, mai.	»	»	»	»	
Cresson alénois	Mars, avril.	»	»	»	»	
— de fontaine	Septembre.	Mars.	Octobre.	»	Eclats.	
— vivace	Mars, avril.	»	Mars, avril.	Septembre.	Eclats.	
Estragon	»	»	Octobre, novembre.	Février, mars.	Eclats.	
Echalotte	»	»	»	»	»	
Epinards	Août.	»	Septembre, octobre.	Mars.	Eclats.	
Feves	Octobre, novembre.	Février jusq. Avril.	»	»	»	
Fraisier	»	»	»	»	»	
Gombo	Avril.	Octobre.	»	»	»	
Gesse ou pois carré	Mars, avril.	»	Mars.	Octobre.	»	(1) Le haricot quarantain peut se semer depuis la fin du mois de mars jusqu'en septembre.
Haricots (1)	Mai, juin.	»	Novembre.	Mai.	»	
Igname de la Chine	»	»	»	»	»	
Laitues	Septembre, octobre.	Mars, avril.	»	»	»	
Lentille	Mars.	Octobre.	»	»	»	
Morgose	Mai.	»	»	»	»	

NOMS des PLANTES.	ÉPOQUES PRÉFÉRABLES pour LES SEMIS.	ÉPOQUE à laquelle on peut encore semer.	ÉPOQUE PRÉFÉRABLE pour la plantation, le piquage et le repiquage.	ÉPOQUE à laquelle on peut encore planter, piquer et repiquer.	ÉCLATS ŒILLETONS touffes.	OBSERVATIONS.
Melon	Avril, mai.	Juin.	»	»	»	
Morelle	Mars.	»	»	»	»	
Moutarde	Avril.	»	»	»	»	
Mâche	Février, mars.	»	»	»	»	
Navet	Février jusq. mai.	Août.	»	»	»	
Oignon commun.	Août.	»	Octobre, novembre.	Février, mars.	»	(1) Petit oignon d'été qui ne monte qu'au printemps après la plantation.
— de Lescure (1)	Mars.	»	Mai.	»	»	
Oseille	»	»	Octobre, novembre.	Février, mars.	Éclats.	
Poireau	Février, mars.	Juillet.	Avril, mai.	Septembre.	»	
Poirée ou bette.	Juillet, août.	»	Octobre, novembre.	»	»	
Piment	Février, mars.	»	Mai.	»	»	
Pomme de terre	Mars.	»	»	»	»	
Pissenlit	Mars, avril.	Mai.	Mai.	Juin.	»	
Panais	Mars, avril.	»	»	»	»	
Patate (2)	»	»	Mars.	»	»	(2) La patate se plante en mars pour la mettre place en mai.
Persil	Mars, avril.	Septembre.	»	»	»	
Pourpier	Avril.	»	»	»	»	
Pastèque ou melon d'eau	Avril, mai.	»	»	»	»	
Pimprenelle	Mars, avril.	»	»	»	»	
Pois commun	Octobre, novembre.	Février jusq. août.	»	»	»	
— chiche	Mars.	»	»	»	»	
Rhubarbe	»	»	Novembre, février.	Avril.	Éclats.	
Romaine (3)	Septembre, octobre.	Février, mars.	»	»	»	(3) Pour que les laitues et les romaines viennent bien ca été, il leur faut des terrains riches, frais et ombragés.
Radis	Janvier jusq. septembre.	»	»	»	»	
Radis noir d'hiver	Juillet.	»	»	»	»	
Rave	Août.	»	»	»	»	
Salsifis	Mars, avril.	Mai.	Fin avril, mai.	Juin.	»	
Scorsonères	Mars, avril.	Mai.	Octobre, novembre.	Février, mars.	»	
Tomate	Février, mars.	Avril.	Octobre, novembre.	Mars.	Éclats.	
Tétragone	Avril.	»	»	»	»	
Thym	»	»	»	»	»	
Topinambour	»	»	»	»	»	

GRAINES.

Je dois faire remarquer que les graines doivent être plus ou moins enterrées suivant leur volume. Ainsi, les graines de carottes, de laitues, etc., doivent être moins enterrées que les graines de choux, de betteraves et nombre d'autres de même grosseur.

Pour semer les petites graines, telles que céleri et beaucoup de graines de fleurs qui donnent naissance à des plantes qu'on doit piquer et repiquer, il faut adopter la méthode suivante qui réussit toujours. On prépare une bonne planche qu'on divise le plus possible; on en enlève avec soin les mottes de terre qui restent avec un râteau très fin; on sème ensuite, et on recouvre le semis avec une petite couche de gravier (le gravier doit se toucher). Il faut arroser très souvent et peu à la fois jusqu'à la levée des graines.

CULTURES.

Il est inutile de détailler beaucoup de plantes du calendrier. Je me contenterai donc de passer légèrement sur chacune d'elles en indiquant les choses les plus nécessaires.

Ciboule Commune.
Famille des liliacées.

La ciboule se multiplie par éclats des vieux pieds en automne et au printemps. Plantés sur les bords des carrés par petites touffes espacées de 0,20 à 0,25 c., ces touffes forment au printemps de la deuxième année des bordures magnifiques qui ont le double avantage de retenir la terre et de durer cinq ou six ans.

Gombo.
Famille des malvacées.

Le gombo se sème au printemps à la distance de 0,40 ou 0,45 c.

On récolte les graines dans les capsules que produit la plante; elles se conservent deux ans.

Igname de la Chine.
Famille des dioscorées.

L'igname de la Chine demande un terrain très profond. Il n'est pas rare de trouver des tubercules à 0,60 ou 0,70 c. de profondeur. Elle se plante au printemps; on la multiplie, comme la pomme de terre, à la distance de 0,20 ou 0,25°.

Les graines de l'igname se récoltent sur les tiges qui en fournissent abondamment et se conservent un an.

Pimprenelle.
Famille des rosacées.

La pimprenelle se sème au printemps; elle se multiplie aussi par éclats que l'on distance de 0,30 à 0,35 c.

Capucine.
Famille des topœolées.

La capucine se sème au printemps à la distance de 0,35 ou 0,40 c. En automne, on peut en faire des éclats piqués dans des pots que l'on conserve dans les appartements.

On récolte les graines sur les pieds en automne, et elles se conservent un an.

Pourpier.
Famille des portulacées.

Le pourpier doit être semé au printemps; il demande beaucoup d'eau en été pour que ses tiges soient toujours tendres. La distance entre les pieds sera de 0,30 à 0,35 c.

La graine du pourpier est très fine et se conserve cinq ou six ans.

Margosse.
Famille des cucurbitacées.

La margosse se sème au printemps dans des godets espacés de un mètre et recouverts de 0,02 c. de terre légère. Il faut mettre trois ou quatre branches hautes de 0,80 c. autour des tiges pour que les plantes puissent grimper. Les fruits se mangent tendres et sont recherchés surtout par les créoles.

La margosse est une plante qui demande une exposition très chaude et beaucoup d'eau en été. Les graines sortent des capsules quand elles sont mûres; on les récolte et elles se conservent deux ans.

Mâche.
Famille des valérianées.

La mâche, qu'on appelle aussi doucette, n'exige aucun soin; on la sème toujours un peu épais au printemps et pendant tout l'été.

La graine se conserve sept ou huit ans.

Chenillette.
Famille des papilionacées.

La chenillette est une plante d'agrément que l'on doit semer au printemps dans les planches de salades; plus tard, on place les pieds à 0,35 ou 0,40 c. l'un de l'autre. Les fruits qu'ils donnent ressemblent aux insectes que nous connaissons sous le nom de chenilles.

On récolte la graine de la chenillette dans les capsules, et elle se conserve deux ou trois ans.

Cerfeuil.   Cresson alénois.
Famille des ombellifères.   Famille des crucifères.

Le cerfeuil et le cresson alénois doivent se semer au printemps; il ne faut pas craindre de semer très épais.

Cresson vivace.
Famille des crucifères.

Le cresson vivace doit être semé au printemps; la distance qu'on laissera entre les pieds sera de 10 ou 15 c. dans tous les sens; ce cresson est beaucoup plus fort que celui des fontaines.

Cresson de fontaine.
Famille des crucifères.

Voici comment on doit procéder pour avoir du cresson de fontaine : on met une couche de marne — argile compacté— de 0,10 à 0,15 c. d'épaisseur; sur cette couche, une seconde de sable de 0,05 ou 0,06 c.; on plante les pieds de cresson en automne, à la distance de 0,20 ou 0,25 c. entre la marne et le sable; on met une bonne couche de terreau dès que les plants ont repris. Une petite source alimente le cresson qui n'aime pas l'eau stagnante. On peut récolter à partir de la mi-automne jusqu'au printemps, époque à laquelle il monte en graines. Si l'on craint de fortes gelées, on n'a qu'à le couvrir avec de la paille. Pendant l'été, on doit le cultiver dans des endroits frais et ombragés.

Moutarde.
Famille des crucifères.

La moutarde, qui sert de fourniture aux salades, se sème au printemps et très épais. La graine qu'elle porte, réduite en poudre et délayée avec du vin qui vient d'être fait, et qui n'a pas fermenté, forme un mélange qui est toujours vu avec plaisir et sur la table du laboureur, et plus encore sur celle du rentier. *C'est un énergique appétissant.*

Morelle à graines noires.
Famille des solanées.

On sème la morelle, au printemps, dans un terrain frais et ombragé; elle produit tout l'été. On doit semer un peu dru et couper souvent les tiges quand elles sont développées pour qu'elles repoussent avec vigueur.

Thym.
Famille des labiées.

Le thym se multiplie par des éclats que l'on plante en bordures en automne et au printemps à la distance de 0,30 c. ou 0,35 c.

Pissenlit.
Famille des composées.

Le pissenlit est semé au printemps. L'époque de la plantation étant venue, on met les plants à 0,10 c. l'un de l'autre sur les lignes, et on distance les lignes de 0,20 à 0,25 c.

Chicorée sauvage améliorée.
Famille des composées.

On cultive la chicorée comme le pissenlit; seulement, il ne faut pas oublier que les pieds de chicorée que l'on pique doivent être espacés de 0,25 à 0,30 c.

Estragon.
Famille des composées.

On multiplie l'estragon en séparant les pieds dans les mois d'août ou septembre en ayant soin de les replanter à une distance de 0,40 à 0,45 c. On coupe les tiges à mesure qu'elles montent.

Si l'on craignait les fortes gelées, il serait prudent de les couvrir.

Cardon.
Familles des composées.

Le cardon se sème au printemps sur une terre largement fumée. On dépose trois ou quatre graines dans des godets, à une distance de 0,80 c. à un mètre. L'année suivante, on le multiplie par œilletons séparés des vieux pieds.

Le cardon que nous cultivons est le cardon de Tours.

La graine que l'on extrait des têtes se conserve deux ou trois ans.

Rhubarbe.
Familles des polygonées.

La rhubarbe qui se sème au printemps se multiplie plus tard par éclats distancés de 0,45 à 0,50 c.

Oseille.
Famille des polygonées.

L'oseille est plantée en automne et au printemps; on la cultive en bordure ou en planches, suivant les besoins de la consommation, en laissant entre chaque pied la distance de 0,25 ou 0,30 c. en tous sens; elle se multiplie par éclats des vieux pieds.

En entourant en hiver les pieds d'oseilles de fumier d'étable, on est sûr d'avoir des feuilles très tendres au commencement du printemps.

Lentille.
Famille des légumineuses.

La lentille se sème au printemps et en automne; elle exige un terrain frais, léger et fertile; elle est semée en lignes distantes de 0,25 à 0,30 c., et sur les lignes de 0,05 à 0,06 c.; deux sarclages sont nécessaires pendant sa végétation.

Arroche ou belle Dame.
Famille des polygonées.

L'arroche doit être cultivée pour ses feuilles excellentes; elle se sème au commencement du printemps. Si on la sème en été, on doit lui réserver des endroits ombragés pour qu'elle ne monte pas sitôt en graines; la distance des pieds devra être celle de 0,55 ou de 0,60 c.

La graine se trouve sur toute la plante autour des branches; elle se conserve deux ou trois ans.

Pois chiche.
Famille des légumineuses.

Le pois chiche aime un terrain riche et léger; il est semé au printemps par touffes distancées de 0,35 à 0,40 c. On dépose 3 ou 4 graines dans chaque trou qu'on recouvre de 0,02 c. de terre : deux sarclages sont nécessaires pendant sa végétation.

C'est un excellent légume mangé vert.

Pois carré ou Gesse.
Famille des légumineuses.

Le pois carré se sème au printemps et en automne; on le sème en lignes et tout terrain lui convient. Un sarclage suffit pendant sa végétation. Le pois carré est un excellent fourrage pour les animaux et un précieux légume pour la soupe.

Topinambour.
Famille des composées.

On réserve au topinambour le plus mauvais terrain; il est planté en automne et au printemps à la distance de 0,50 ou 0,60 c. Le terrain doit avoir reçu un labour, un sarclage suffit. Le topinambour est très difficile à détruire; on le trouve encore dix ans après l'avoir semé, malgré tous les labours qu'on a pu donner à la terre. Le topinambour est une excellente nourriture pour les animaux; mais la grande difficulté est dans son nettoyage.

Dans nos cuisines, il pourrait remplacer quelquefois la pomme de terre.

Artichaut.
Famille des composées.

L'artichaut demande un terrain profond et riche à cause de ses longues et grosses racines qui épuisent promptement la terre; on le multiplie en automne par un ou deux œilletons plantés à un mètre de distance en tout sens et que l'on trouve en grand nombre aux vieux plants s'ils sont vigoureux. En procédant ainsi, on a beaucoup plus de chances de réussite et, aussi, l'avantage d'avoir des touffes promptement garnies. La plantation étant faite, on coupe les œilletons à 0,10 c. au-dessus du sol et on arrose immédiatement après cette opération. Lorsque les plants ont repris, on doit donner une première façon au crochet et on leur laisse passer l'hiver sans les travailler de nouveau. Au printemps, on leur donne une nouvelle façon au crochet; si les plants ont bien poussé, ils commencent à donner des têtes au printemps et dans le courant de l'été; des sarclages fréquents sont nécessaires jusqu'en automne pour détruire les herbes et ameublir superficiellement la surface du sol. En automne, il faut éclaircir les pieds; on ne laisse que deux ou trois œilletons à chaque touffe, suivant leur vigueur; puis on met une petite couche de fumier de cheval demi consommé sur toute la surface du terrain et on l'enterre au moyen d'un labour.

Je crois que le buttage est nuisible à l'artichaut dans nos contrées, à cause des pluies d'hiver, trop abondantes, qui nous font pourrir les plants. Depuis deux ans je ne butte pas et je réussis très bien. Au printemps de la deuxième année, on donne une autre façon à la bêche à deux pointes, deux ou trois binages sont nécessaires pendant l'été; en automne, on met encore une autre couche de fumier qu'on enterre. Une plantation faite de cette manière peut durer quatre ou cinq ans.

MANIÈRE DE FAIRE GROSSIR L'ARTICHAUT.

Pour faire grossir l'artichaut et le conserver tendre, on met à la base de sa tête deux morceaux de bois disposés en croix; ils traversent la tige par son milieu. A partir de chaque côté de croix on fait une incision le long de la tige, puis on fait de petits sachets en drap ou toile noirs; on ensache la tête de l'artichaut qu'on ligature sur la tige. Il faut laisser le sac large parce que la tête grossit énormément et en peu de temps. Dans une quinzaine de jours elles peuvent être livrées à la consommation.

Les variétés qui conviennent à nos terres, sont :
1. L'artichaut précoce. — Plat, blanc le plus précoce;
2. L'artichaut couronné blanc ou de Paris;
3. Le violet hâtif excellent crû;
4. Le gros vert de Laon.

Laitues.
Famille des composées.

Il faut à la laitue des terrains largement et fraîchement fumés; elle se sème en automne et au printemps. On pique les plants en les plaçant à la distance de 0,30 ou 0,35 c. lorsqu'ils ont au moins quatre ou cinq feuilles. Des sarclages souvent répétés leur sont nécessaires pour qu'elles ne montent pas en graine.

Les meilleures laitues pour nos contrées sont :
1º La rouge d'hiver;
2º La blonde;
3º La laitue Bossin qui donne des têtes énormes et excellentes;
4º La laitue de Versailles;
5º La laitue chou de Naples beaucoup plus lente à monter que les autres.

— 26 —

On réserve pour porte-graines les pieds qui ont été plantés en automne; ils donnent des quantités de graines en été qui conservent leurs propriétés germinatives pendant trois ou quatre ans.

Romaines.

La seule différence qui existe entre les laitues est celle-ci : les laitues romaines sont longues tandis que les laitues paresseuses et frisées sont plates; elles se sèment en automne et au printemps; (1) il leur faut de fréquents arrosages et sarclages au printemps parce qu'elles ont une certaine tendance à monter en graine; la distance sera de 0,25 à 0,30 c. entre les pieds.

Les laitues romaines, qu'on doit cultiver de préférence, sont :

Les romaines vertes maraîchères à graines noires et blanches.

Chou.
Famille des crucifères.

Le chou est la plus précieuse plante qu'on puisse cultiver, soit pour l'homme, soit pour la nourriture des animaux; aussi le cultive-t-on partout sur une très grande échelle.

CULTURE DU CHOU DE DAX.

Le chou vient bien sur toute nature de terrain, pourvu que la terre dans laquelle on veut le planter ait reçu une bonne fumure. Fumez largement et vous aurez de beaux choux.

Voici pour les cultiver ma manière de procéder avec laquelle j'ai toujours eu des choux de Dax (Capus) énormes. Après avoir mis en juin une couche de fumier pailleux de 0,03 ou 0,04 c. sur le terrain qui doit recevoir les plants, on l'enterre au moyen d'un bon labour; on laisse le terrain se reposer jusqu'à ce que la première pluie permette de bien briser les mottes que le labour a faites et on donne ensuite un bon hersage.

Les choux de Dax, pour leur grand développement, ont

---

(1) J'en ai fait venir en été il y deux ans, qui étaient énormes; mais elles ne réussissent pas toujours.

besoin d'une distance de 0,75 c. entre les lignes et de 0,70 sur les lignes; on les plante en quinconce et avec un plantoir; après la plantation, qui a lieu en juillet, un arrosage est nécessaire; on doit les arroser de préférence avec de la colombine (fiente de poule) dissoute dans de l'eau ou avec du purin (jus de fumier) pour être plus sûrs de la reprise; il faut abriter les plants avec une feuille ou tout autre chose, pour que le soleil, brûlant à cette époque, ne les fasse pas périr. Quelques jours après la plantation, les choux ayant parfaitement repris, il est nécessaire de leur donner une première façon, non pas avec un traçoir, ou une houe à main, comme on le fait dans nos contrées, mais avec une bêche à 2 pointes ou un crochet (Bidenté) sans craindre d'aller trop près des racines qui ne sont encore que peu développées. Deux autres façons sont nécessaires; à la troisième on fait des godets à l'entour des pieds; on y met une poignée de colombine et l'on chausse absolument comme on chausse le maïs.

Choisissez pour porte-graines les choux qui sont les plus francs d'espèce. Les graines mûriront vers la fin de juin et elles conserveront leurs propriétés germinatives pendant trois ans.

Chou de Habas. — Chou de Milan.

Ces deux espèces sont très précoces; elles se sèment au printemps, se plantent en juin et donnent, en août, des pommes jusqu'en octobre, époque à laquelle on peut commencer à couper des choux de Dax pour la consommation. Les choux de Habas et de Milan prennent peu de développement; aussi suffit-il de placer les pieds à une distance de 50 c. en tout sens.

Même culture, mêmes soins.

Caubes.

Les caubes ne sont autre chose que le chou Bacalan et St-Denis. Ils aiment un terrain largement fumé; ils se sèment en été et on les plante en automne. Ils donnent leurs faibles produits au printemps. La distance qu'on doit laisser entre les pieds est de 0,55 à 0,60 c.

Chou de Bruxelles.

Le chou de Bruxelles aime un terrain fraîchement et largement fumé. Le fumier de cheval consommé (c'est-à-dire pourri) lui convient particulièrement; il est cultivé pour ses petites pommes très serrées qui se trouvent à l'aisselle de chaque feuille. Les plants seront placés à une distance de 0,50 à 0,55 c. pour qu'ils puissent bien se développer. La graine de ce chou se sème au printemps et on plante en juillet. Les pieds donnent de petites têtes depuis le mois de novembre jusqu'au printemps.

Le chou de Bruxelles est un excellent légume.

Chou de Chine ou Pé-Tsaï.

Le chou de Chine est le chou cultivé par les Chinois; il n'est pas difficile à venir, car tout terrain lui convient. On le sème en août et en septembre; on le plante en espaçant les pieds de 0,60 c. Il passe l'hiver en terre et donne des pommes au printemps.

Chou rave. — Chou navet.

Les choux rave et navet demandent un terrain frais; les graines seront semées un peu clair et à la volée au printemps.

Les racines tendres de ces choux sont un légume excellent.

Chou cavalier.

Le chou cavalier — nommé dans le pays chou de Pâques — est semé en été, et on repique en octobre et en novembre en mettant les plants à la distance de 0,70 c. Ce chou, en été, donne en quantité des feuilles qui servent à l'usage culinaire et à la nourriture des animaux (1).

Dans la Ferme-Ecole des Landes, c'est depuis 1867 qu'on cultive, pour les animaux, le chou branchu du Poitou; il est planté en automne en ayant soin de placer les pieds à un mètre de distance; on peut commencer à les effeuiller au printemps, et ils donnent en abondance durant tout l'été.

---

(1) Les choux de grande culture doivent être fumés à raison de cent mètres cubes de fumier à l'hectare pour avoir de beaux produits.

Ce chou étant un excellent fourrage pour les animaux, j'engage MM. les propriétaires à faire en grand l'essai de cette culture.

Colza.

A cette plante, la culture du chou cavalier lui convient parfaitement; sa graine est semée en août, et on plante en octobre en réservant aux plants une distance de 0,70 à 0,80 c. Le colza est moins cultivé pour ses feuilles que pour ses graines dont on en extrait une huile (l'huile de colza) de médiocre qualité pour l'usage culinaire.

Chou-fleur.

Le chou-fleur demande un terrain très riche en humus; il se sème au printemps, et on le plante en juillet en ayant soin de mettre les pieds à la distance de 0,60 à 0,65 c. Le chou-fleur donne ses produits en octobre et novembre.

Brocoli.

Le brocoli est semé en été, et on le plante en septembre et en octobre; il donne ses produits en février et en mars; il se distingue du chou-fleur par ses feuilles longues, frisées et étroites.

Le brocoli blanc est préférable au brocoli violet.

Aubergine jaune. — Courge orange.
Famille des cucurbitacées.

On réserve pour la culture de ces deux plantes une bonne plante-bande du potager. On y fait des trous qu'on espace de 0,80 c. à un mètre. Dans chaque trou, on dépose, au printemps, quatre ou cinq graines. Quand les plants ont levé, on les éclaircit en ne laissant que deux pieds à chaque touffe, on travaille ensuite le terrain un peu profondément, on met un paillis (couche de paille ou de fumier pailleux) sur toute l'étendue de la plate-bande; si l'on veut avoir une récolte abondante, il faut arroser copieusement en été.

L'aubergine jaune et la courge orange se mangent tendres, frites à la poêle, coupées par petits morceaux.

Les graines se trouvent en grande quantité sur les pieds et se conservent dans leurs fruits deux ou trois ans.

Cornichons ou Concombres.

Famille des cucurbitacées.

Les cornichons se sèment sur place au printemps; il leur faut une terre fraîchement et largement fumée. Après avoir bien labouré et hersé le terrain, on fait de petits godets à la distance d'un mètre; on dépose quatre ou cinq graines dans chaque godet qu'on recouvre de 0,02 c. de terre meuble. Lorsque le plant a deux feuilles, on éclaircit; deux pieds suffisent à chaque godet.

Plusieurs sarclages sont nécessaires pour entretenir la terre meuble; de fréquents arrosages sont indispensables.

Voici les espèces qu'on peut cultiver :

1º Le petit cornichon vert;

2º Le concombre jaune;

3º Le concombre blanc;

4º Le concombre de Russie qui vient par touffes;

5º Le cornichon serpent (pour l'ornement), bon conservé au vinaigre.

Pour porte-graines, on choisit les cornichons les plus francs de l'espèce; les graines se conservent deux ou trois ans.

Tétragone.

Famille des mésembryenthémées.

La tétragone, peu cultivée dans ce pays, remplace l'épinard en été; elle se sème au printemps sur une terre largement fumée un an à l'avance. Il faut aussi préparer le terrain par un bon labour, le herser et faire des godets à la distance d'un mètre; on dépose dans chacun d'eux quatre ou cinq graines qu'on recouvre de 0,02 c. de terre meuble. Sitôt que le plant est levé, on éclaircit. Deux plants suffisent à chaque godet. Deux sarclages sont indispensables, et quelques arrosages sont de temps en temps nécessaires.

Il faut avoir soin de pincer l'extrémité de la tige quand la plante a 0,08 ou 0,10 c., pour faire pousser des branches latérales.

Les graines se récoltent sur les pieds en automne; elles se conservent trois ou quatre ans.

Panais.
Famille des ombellifères.

Le panais se sème au printemps; il demande un terrain profond et richement fumé un an à l'avance; on le sème en lignes distantes de 0,30 à 0,35 c., et l'on sème un peu épais. Quand le plant a quelques feuilles, on éclaircit en laissant 0,20 c. entre les plants restants pour qu'ils puissent acquérir tout leur développement. Plusieurs sarclages leur sont nécessaires.

On peut cultiver les deux espèces : le long et le rond. Le panais est un excellent légume; mais il est très peu connu dans le pays.

On conserve le panais comme la carotte et la betterave; on le plante au printemps à la distance de 0,35 ou 0,40 c. Les graines se conservent deux ou trois ans.

Céleri.
Famille des ombellifères.

Le céleri se sème en mars, en planches, dans une bonne terre bien exposée; on recouvre le semis d'une petite couche de gravier; on plante le céleri en été, et on le cultive de deux manières : en planches et dans des fossés. La culture en planches réussit parfaitement dans les terres légères bien préparées et riches en humus. Quand les plants ont atteint la hauteur de 0,10 ou 0,15 c., plantez-les à la distance de 0,25 c. Trois lignes suffisent pour la planche. Donnez plus tard deux ou trois sarclages et plusieurs arrosages.

On commence de chausser quand les plants sont assez forts.

Culture dans les fossés.

Voici la seconde manière de cultiver le céleri : on ouvre des fossés de 0,40 c. de largeur sur 0,25 c. de profondeur; on fait ces fossés longtemps à l'avance pour que la terre puisse, comme on dit, se *pourrir*. Dans le fond de chaque fosse, on fait un mélange de terre et de terreau d'environ une couche de 0,07 à 0,08 c.; on plante deux lignes à la distance de 0,25 c., on arrose et on abrite les plants pendant quelques jours. Après leur reprise, on leur donne un premier sarclage; quelques jours après, on en donne un second, et plus tard encore un troisième s'il est jugé nécessaire. On chausse quand les pieds sont assez forts.

Les variétés qu'on doit cultiver sont :

Le *plein blanc* et le *commun*.

Céleri-rave.

Le céleri-rave est une autre variété qui se cultive en planches; les racines de cette plante sont un excellent légume.

Si l'on réserve pour porte-graines un pied des plus vigoureux, il donnera assez de graines pour planter un hectare de terrain.

La graine se conserve deux ou trois ans.

Aubergine violette.
Famille des solanées.

L'aubergine violette — appelée vulgairement viedase — se sème sur couches, un peu dru et en mars. Quand les plants ont quelques feuilles, on les pique sur une nouvelle couche en plaçant les pieds à une distance de 0,08 à 0,10 c. l'un de l'autre pour les avoir beaux au moment de leur mise en place. L'aubergine aime un terrain profondément travaillé, meuble et riche en humus; il faut que ses plants soient éloignés de 0,70 c.; pour les planter, on fait des trous avec le traçoir; dans chacun d'eux, on met un plant en ayant soin d'y laisser une petite motte au fond; pour assurer sa reprise, on recouvre les racines avec de la terre bien divisée et on arrose.

Les principaux soins que l'aubergine réclame sont de fréquents binages et beaucoup d'eau.

Il y en a une espèce connue sous le nom d'aubergine blanche; elle est cultivée de la même manière; elle ressemble à un œuf de poule et elle est très recherchée par les Espagnols.

On choisit pour graines les fruits les mieux conformés et les plus mûrs; on en extrait les graines, qui se conservent deux ou trois ans.

Oignon.

Famille des liliacées.

L'oignon se sème en été, à la volée et en lignes; mais, généralement, on le réussit mieux à la volée; il lui faut un terrain léger; on le sème un peu épais et on doit bassiner le terrain jusqu'à ce que le plant ait levé. L'oignon se plante en automne et au printemps; il réussit mieux dans nos contrées lorsqu'il est planté en automne. Le terrain doit être préparé pour lui par un bon labour, parce qu'il aime un terrain de consistance moyenne et riche en humus; il est planté, au plantoir, à la distance de 0,18 ou 0,20 c. en tous les sens; il faut bien se garder de le planter trop profondément — il ne pourrait pas bien développer ses têtes — 0,02 c. de terre suffisent. Avant de l'enterrer, on doit couper l'extrémité des racines et serrer un peu le plant pour le mettre en contact avec la terre; si le temps est sec, il est utile de donner un arrosage sur la ligne; une fois que le plant a fait racines, on lui donne un sarclage avec un sarcloir; puis il passe une bonne partie de l'hiver et on lui en donne un second; un troisième est nécessaire pendant sa végétation. Trois semaines avant l'arrachage, on doit coucher les tiges pour que les têtes profitent de la sève qui reste. Quand les tiges sont fanées on arrache l'oignon par un jour de beau soleil; on le fait sécher et on en fait des cordes; il doit être mis dans un endroit sec pour qu'il se conserve bien.

L'oignon qu'on doit cultiver dans cette contrée est l'oignon rouge plat et le blanc plat qui deviennent énormes.

Oignon de Lescure.

L'oignon de Lescure ou oignon d'été se sème au printemps; il a l'avantage de ne montrer ses tiges que l'année suivante. On lui réserve une distance de 0,16 c. en tous sens.

Pour avoir des graines, on doit mettre les oignons dans un terrain richement fumé. Il faut entre les têtes enterrées une distance de 0,40 à 0,45 c. Les graines se conservent deux ou trois ans.

Epinard.
Famille des chénopodées.

L'épinard ne réussit bien dans nos contrées qu'en le semant en août; il faut lui réserver une terre riche en humus et de consistance moyenne; on le sème en lignes espacées de 0,30 à 0,35 c. Sur les lignes on sème un peu épais; mais quand on éclaircit, il faut réserver à chaque pied une distance de 0,10 à 0,15 c. En agissant ainsi, la plante peut bien se développer. Quand l'épinard a quelques feuilles, on lui donne un premier sarclage; cela fait, on doit mettre un peu de colombine en poudre sur les lignes et donner un second sarclage. — La colombine est un des meilleurs engrais pour l'épinard. — Un troisième sarclage est nécessaire au printemps. Quelques jours après ce sarclage, on peut commencer à enlever les feuilles depuis l'automne jusqu'au printemps, époque à laquelle l'épinard monte en graines.

Les espèces qu'on doit cultiver, sont :

1º L'épinard à feuilles de laitues;

2º L'épinard d'Angleterre qui donne des feuilles énormes.

On garde pour porte-graines les pieds les plus vigoureux; les graines se conservent deux ou trois ans.

Rave.
Famille des crucifères.

La rave se sème en été sur une terre largement fumée un an à l'avance; si l'on veut avoir de beaux produits : on sème à la volée. Quand un semis a quelques feuilles, on l'éclaircit en ayant soin de ne laisser qu'un pied tous les 0,30 ou 0,35 c. Un sarclage suffit.

La rave d'Auvergne est préférée pour la culture.

Navet.

La seule différence qui existe entre la rave et le navet est que le navet est rond et la rave plate. Il se sème depuis février jusqu'en mai, à la volée; on éclaircit quand les plants ont quelques feuilles et on laisse une distance de 0,15 ou 0,20 c. entre chaque plante.

Celui que nous cultivons est le navet de Freneuse.

Pour avoir des graines de rave et de navet on marque les plus belles têtes qu'on laisse sur place passer l'hiver; elles mûrissent au printemps et se conservent deux ou trois ans.

Persil.
Famille des ombellifères.

Le persil se sème ordinairement à la volée au printemps, en bordures et en planches, suivant les besoins de la consommation. Il lui faut un terrain profond pour que ses racines pivotantes puissent aller chercher leur nourriture un peu profondément. On sème un peu épais et on recouvre un peu légèrement (1). Il faut avoir soin d'arracher les herbes pour que les mauvaises plantes n'envahissent pas les jeunes plants.

On doit choisir de préférence le persil frisé pour les bordures.

Les graines se récoltent sur les pieds en place; elles se conservent cinq ou six ans.

Poirée ou Bette.
Famille |des chénopodées.

En juillet, la poirée se sème à la volée ou en lignes; elle aime un terrain léger et frais. Pour semer en lignes, on ouvre des raies distantes de 0,30 à 0,40 c. et profondes de 0,03 ou 0,04 c. On sème un peu épais et on recouvre les graines d'une couche de terre de 0,02 c. Quand le plant a trois ou quatre feuilles, on éclaircit en ne laissant qu'un pied tous les 0,25 ou 0,30 c. Deux sarclages sont nécessaires pendant la végétation.

La meilleure espèce est la poirée à cardes blanches.

On laisse pour porte graine deux pieds les plus francs de l'espèce. Les graines conservent quatre ou cinq ans.

Poireau ou Porreau.
Famille des liliacées.

Le poireau aime une terre profonde et riche en humus; il peut indifféremment se semer à toutes les époques de l'an-

---

(1) Dans nos terrain froids et compactes, il faut couvrir superficiellement toutes les espèces de graines car autrement elles pourrissent.

née; cependant les époques préférables sont: au printemps, pour la provision de l'été, et en juillet pour le reste de l'année (1). Lorsque le poireau a atteint la grosseur d'un porte-plume, on peut le mettre en place; pour avoir de beaux porreaux, il ne faut pas piétiner le terrain; on les plante avec le plantoir à la distance de 0,15 ou de 0,20 c. en tous sens. On doit couper l'extrémité des feuilles avant de planter. Il doit être enterré jusqu'aux premières feuilles. Le plant étant déposé dans le trou, l'eau de l'arrosage suffit pour le mettre en contact avec la terre. Des sarclages profonds et des arrosages sont nécessaires pour son développement. Pour empêcher les porreaux de monter trop tôt, en février, on doit les déplanter plusieurs fois et les couvrir de terre jusqu'aux feuilles.

Les espèces que nous cultivons à la Ferme-Ecole sont :
1º Le long ordinaire;
2º Le jaune du Poitou;
3º Le gros court du Midi;
4º Le gros court de Rouen;

Tous deviennent énormes; mais principalement le poireau de Rouen.

Pour avoir des graines, choisissez des poireaux les mieux conformés et replantez-les en février dans un terrain largement fumé à une distance de 0,30 à 0,35 c. en tout sens et en ayant soin de séparer les espèces.

La graine du porreau se conserve deux ou trois ans.

Piment.
Famille des solanées.

Le piment se sème au printemps sur couches. On doit semer très épais pour avoir beaucoup de plants. Quand ils ont trois ou quatre feuilles, on éclaircit, et on pique sur une nouvelle couche pour mettre en pleine terre dans la première quinzaine de mai. On doit bien préparer le terrain par un bon labour. Dans un terrain bien fumé, il végète vigoureusement. La terre étant bien hersée, on fait des trous dis-

(1) On peut semer sur couches en janvier pour avoir des plants de bonne heure.

tants de 0,45 c. qu'on creuse avec un traçoir. On plante un pied dans chaque trou, en ayant soin de bien recouvrir les racines avec de la bonne terre. Un arrosage est nécessaire pour que les plants fassent des racines. Si le soleil était trop ardent, il faudrait les couvrir avec des feuilles. Les principaux soins que le piment réclame sont des binages fréquents et beaucoup d'eau.

Les piments que l'on doit cultiver sont :

1º Les piments poivre-long et court qui sont très doux;

2º Le piment rond d'Espagne qui, farci, est excellent;

3º Le piment de Bourbon, jaune, le plus fort de l'espèce et aussi le plus recherché des Espagnols.

On choisit pour porte-graines les plus francs d'espèce. La graine se conserve trois ans.

Ail ordinaire.

Famille des liliacées.

L'ail se sème en automne et au printemps; il aime une terre riche en humus et de consistance moyenne. On plante les caïeux à la distance de 0,15 c. ou 0,18 c. sur les lignes et de 0,20 à 0,25 c. entre les lignes. On ouvre des raies de 0,05 c. de profondeur avec un traçoir et on plante les caïeux dans la raie — les caïeux des côtés sont préférables pour la plantation. — On peut recouvrir avec un râteau, et sitôt que les tiges ont 0,02 ou 0,03 c., on doit donner un premier sarclage un peu profond; deux autres sarclages sont nécessaires pendant le cours de sa végétation. Avant que les tiges ne se flétrissent, on doit les coucher ou bien les attacher ensemble pour que les têtes profitent de la sève qui reste. Lorsque les tiges sont sèches, on arrache l'ail, et on en fait sécher les têtes pour les déposer ensuite dans un endroit sec.

Ail d'Orient ou ail Poireau.

Cette variété d'ail, qui donne des têtes énormes, est une plante voisine du poireau; c'est pour cette raison que l'ail d'Orient est doux; on doit le planter à 0,25 c. de distance.

Echalotte.

Famille des liliacées.

L'échalotte se sème en automne et au printemps; elle aime un terrain richement fumé un an à l'avance et de consistance moyenne; on plante les caïeux à la distance de 0,20 ou 0,25 c. Dès que les tiges commencent à paraître, on donne un léger sarclage avec un traçoir pour détruire les herbes; quinze jours plus tard, on donne une seconde façon, mais plus profondément. Un troisième sarclage suffit pendant la végétation de l'échalotte. Quand ses tiges sont fanées, on arrache les pieds; il faut avoir soin de les exposer au soleil pendant un jour pour les faire sécher, et on en fait ensuite des petites bottes qu'on place dans un endroit sec.

L'échalotte qu'on doit cultiver de préférence est l'échalotte de Jersey.

Betterave.

Famille des chénopodées.

La betterave demande une terre meuble, profondément travaillée et largement fumée pour que ses racines puissent bien se développer. Elle se sème au printemps par touffes distantes de 0,40 à 0,45 c. On fait des trous où l'on dépose trois ou quatre graines qu'on a soin de ne recouvrir que très superficiellement (0,01 c. suffit). Trop couvertes, les graines ne germent pas. Quand le plant a levé, on éclaircit en ne laissant qu'un plant par touffe. S'il y avait des pieds manquants, on pourrait les remplacer par les pieds provenant de l'éclaircissage. Après cette opération, on donne un sarclage un peu profond, deux autres sont nécessaires pendant l'été. On arrache la betterave en automne, quand elle ne pousse plus. Pour la conserver, il faut avoir soin d'enlever toutes les feuilles et surtout les feuilles mortes; on l'expose au soleil quelques heures, et elle se conserve ensuite très bien dans du terreau.

Voici les espèces que je recommande pour les jardins :

1º La rouge foncée de Whytes;
2º La rouge longue ordinaire;

3° La globe jaune, donnant des fruits monstrueux quand elle est bien cultivée;

4° La crapaudine; elle a la peau comme l'animal de ce nom, qui est si maltraité par certaines personnes qui ne connaissent pas les bienfaits qu'il rend à l'agriculture;

5° La jaune des Barres;

6° La betterave de Bassano, la meilleure pour manger.

Graines. — En février, on met la betterave en terre dans un terrain largement fumé; on enterre les têtes à la distance de 0,50 c., jusqu'au collet, et les graines que l'on récolte en été se conservent trois ou quatre ans.

Radis.
Famille des crucifères.

On peut commencer à semer des radis en janvier (en ayant soin de couvrir le semis pendant la nuit) et prolonger le semis jusqu'en septembre. Pour en avoir pendant toute la saison, il faut en semer tous les dix ou quinze jours. Ils ne sont pas difficiles sur la nature du terrain, ils viennent bien partout; mais ils aiment la terre tassée à la surface. Pendant l'été, il faut les arroser copieusement pour les avoir tendres.

Voici les meilleures variétés pour nos contrées :

1° Le radis rond rose hâtif;

2° Le blanc hâtif;

3° Le gris d'été.

On sème le radis en septembre pour porter graines; on éclaircit, et on ne doit laisser qu'un pied tous les 0,30 c. Ils passent l'hiver en terre. Deux sarclages sont nécessaires au printemps; on récolte la graine en été, et elle se conserve deux ou trois ans.

Radis d'hiver.

Le radis noir est, sans contredit, le meilleur pour l'hiver; il se sème en été dans un terrain léger et profond, largement fumé un an à l'avance; il devient énorme, et on peut en consommer de l'automne au printemps.

On laisse deux ou trois pieds sur place pour avoir des graines.

Les espèces qu'on devra cultiver de préférence sont :
1° Le noir long et le rond;
2° Le violet de Chine.

Carotte.
Famille des ombellifères.

La carotte aime un terrain léger et profond; elle se sème depuis le mois de février jusqu'au mois de septembre sur deux labours; on donne d'abord un bon labour en automne avec lequel on enterre une bonne couche de fumier décomposé. — Il faut éviter de mettre du fumier pailleux parce que les racines viendraient fourchues. — Le second peut se donner au moment du semis. On divise alors le terrain en planches qu'on a soin de bien herser, afin de bien diviser le terrain. De cette manière, on réussit toujours, tandis que si l'on ne donne qu'un labour, le semis ne réussit jamais, la terre ne contenant pas les principes qui lui sont nécessaires, indispensables même, pour faire germer la graine de carotte qu'on lui confie.

La carotte se sème de deux manières : à la volée et en lignes. Pour les semis qu'on fait de bonne heure, on doit semer à la volée, dru, et recouvrir très légèrement; on met ensuite une couche de fumier pailleux. Sitôt que le semis a levé, on enlève le paillis; quelques jours après, on doit enlever les herbes et éclaircir si c'est trop épais. Il vaut mieux n'éclaircir qu'au fur et à mesure des besoins de la consommation, surtout pour les premiers semis. La carotte est un légume fort rare au printemps.

On sème en lignes au printemps en avril et en mai; pour cela, on ouvre, avec le traçoir, des raies distantes de 0,20 à 0,25 c. sur une profondeur de 0,02 ou 0,03 c.; on sème dans ces raies un peu épais, et on recouvre légèrement. Si le terrain est sec, on arrose les raies, mais, de préférence, le matin. Quand le plant a plusieurs feuilles, on doit éclaircir et ne laisser qu'un plant tous les 0,10 ou 0,12 c.; de cette manière, on obtient des carottes énormes. Après l'éclaircissage, on donne un premier sarclage; trois semaines plus tard, un second. Si le temps est sec, il faut arroser copieusement pour avoir les carottes tendres.

Les meilleures espèces pour la culture maraîchère sont :
1° La rouge courte hâtive de Hollande;
2° La rouge demi-longue;
3° La rouge longue;

Pour la grande culture, il faut choisir de préférence la blanche à collet vert qui atteint une belle grosseur. C'est une excellente nourriture, en hiver, pour les chevaux.

Porte-graines. — On choisit pour cela, en automne, les plus franches d'espèce et les mieux conformées qu'on conserve dans un endroit sain, dans le sable, où elles passent l'hiver (1). En février, on les plante dans un terrain qui a été préparé en automne; on fait des trous distants de 0,40 à 0,45 c. en tous sens, et on plante la carotte jusqu'au collet, c'est-à-dire jusqu'à l'endroit où les tiges doivent se développer. Il faut avoir soin de mettre des tuteurs aux tiges pour que le vent ne les ébranle pas; on doit aussi arroser les têtes des porte-graines de temps en temps; enfin, on récolte la graine au fur et à mesure qu'elle mûrit.

Patate.
Famille des convolvulacées.

On met la patate à germer sur couches vers la fin de mars. Pour cela, on fait un trou dans la couche de 0,07 à 0,08 c. de profondeur; on place le tubercule, on recouvre et on arrose souvent. Au bout de quelques jours, de nombreux bourgeons sortent de terre et ces bourgeons servent à faire des boutures. Pour faire des boutures, on déchausse le tubercule, on enlève les bourgeons avec un couteau ou un greffoir en ayant soin de laisser un petit empâtement à sa base. On pique les bourgeons sur une nouvelle couche en les mettant à 0,10 ou 0,15 c. l'un de l'autre, en attendant de pouvoir les placer en pleine terre, ce qui a lieu dans la première quinzaine de mai.

Voici la manière de procéder avec laquelle vous obtiendrez de beaux produits.

Vous ouvrez un fossé, large de 0,60 c., profond de

---

(1) Il faut avoir soin de bien séparer les espèces pour porte-graines, car autrement elles s'abâtardissent.

0,20 c. que vous remplissez de fumier bien décomposé; vous mettez la terre retirée du fossé sur le fumier et en prenez même sur les côtés jusqu'à ce que votre ados ait atteint la hauteur de 0,30 c. Vous donnez un coup de râteau pour enlever les mottes. Dans le milieu de l'ados, c'est-à-dire dans l'endroit où doivent être repiqués les plants, vous faites un autre petit fossé de 0,20 c. de large sur 0,15 c. de profond que vous remplissez de terreau mêlé avec de la terre. Les plants sont repiqués à la distance de 0,50 c. Des sarclages et des arrosages sont nécessaires pendant que le plant est jeune. Quand les tiges commencent à sortir de l'ados, vous donnez une dernière façon, en ayant soin de ne pas laisser marcotter les tiges, ce qui pourrait nuire aux tubercules; vous arrachez dans le courant du mois d'octobre et vous laissez les tubercules au soleil pour les faire ressuyer.

Les feuilles sont une excellente nourriture pour les lapins.

Les espèces à cultiver de préférence sont :

La grosse rouge d'Afrique, et la blanche de l'Ile de France.

CONSERVATION.

La patate est très difficile à conserver; on la met dans un petit sac où l'on a mis de la balle de froment bien sèche, pour empêcher les tubercules de se toucher. On place le sac à côté de la cheminée de la cuisine.

Scorsonère d'Espagne.

Famille des composées.

Le scorsonère se sème au printemps et aime un terrain très profond parce que les racines s'enfoncent profondément dans la terre. On le sème en lignes espacées de 0,25 à 0,30 c.; il faut semer un peu épais. Quand le plant est bien levé, on éclaircit en laissant entre chaque pied une distance de 0,05 ou 0,06 c. Après l'éclaircissage, on donne un premier sarclage; plusieurs autres sont nécessaires pendant la végétation. Le scorsonère se conserve plusieurs années et très bien dans la terre.

On prend ses graines sur les racines de deux ans et elles se conservent de deux à trois ans.

Salsifis.
Famille des composées.

Le salsifis aime une terre légère, riche en humus et très profonde. Il se sème au printemps en lignes espacées de 0,25 à 0,30 c.; on sème un peu épais. Quand les plants ont levé, on éclaircit en laissant entre chaque pied une distance de 0,05 ou 0,06 c.; deux ou trois sarclages sont nécessaires pendant leur végétation.

Le salsifis passe très bien l'hiver en terre; il fleurit au commencement du printemps et donne des graines qui se conservent deux ou trois ans.

Chicorée frisée et Scarole.
Famille des composées.

La chicorée et la scarole se sèment au printemps et jusqu'en septembre; elles demandent un terrain riche et fraîchement fumé; on les plante ordinairement en planches de 1,20 c., à la distance de 0,30 à 0,35 c. en tous sens.—Il faut avoir soin de ne pas enterrer la base des feuilles, car elles se pourrissent facilement. Des sarclages et des arrosages fréquents leur sont nécessaires.

Pour les faire blanchir on les prive d'air, soit en les recouvrant d'un pot, soit en attachant fortement l'extrémité des feuilles ou par tout autre moyen.

Les meilleures chicorées à cultiver, sont :
1º La chicorée d'été ou d'Italie;
2º La corne de cerf ou rouennaise;
3º La scarole blonde ou chicorée à larges feuilles.

On choisit de beaux pieds plantés pendant l'été et on leur laisse passer l'hiver en terre, ils donnent des graines qui se conservent deux ou trois ans.

Pomme de terre.
Famille des solanées.

La parmentière est une des plantes les plus précieuses; elle aime de préférence un terrain nouvellement défriché et largement fumé. On la plante de février en mai, et voici comment : On fait des trous de 0,40 à 0,45 c. en tous sens, profonds de 0,12 à 0,15 c.; on dépose un tubercule moyen dans chaque trou, ou la moitié d'un gros; on recouvre les trous d'une couche de terre de 0,05 ou 0,06 c. Si l'on craignait de fortes gelées, il serait prudent de les couvrir aussi d'une couche de paillis. Quand les tiges ont 0,04 ou 0,05 c. on doit donner un sarclage un peu profond pour ameublir le terrain; quelque temps après on en donne un second en buttant légèrement.

Quand les tiges sont sèches, on doit arracher les pommes de terre si on ne veut pas les laisser pourrir dans la terre.

Les meilleures variétés à cultiver, sont :

1º La pomme de terre d'Australie qui, disait-on, n'était pas atteinte de maladie (c'est une erreur);

2º La kidney ou marjolin;

3º La St-Jean ou ségonzac;

4º La schaw;

5º La blanchard;

6º La rouge et la jaune de Hollande;

7º Le comice d'Amiens;

8º La cueilleuse et la jaune du pays.

Graines. — Les graines se trouvent dans des boules qui sont sur les tiges; mais semer la pomme de terre est un mode de multiplication qui n'est point adopté si ce n'est pour avoir des espèces nouvelles. Voici comment on procède : au printemps on sème sur couches. Quand les plants ont 0,08 ou 0,10 c., on les plante en pleine terre dans un terrain bien préparé et riche en humus en les distançant de 0,30 ou 0,35 c. en tous sens. Des sarclages et des arrosages sont nécessaires afin d'avoir de beaux produits. On arrache quand les tiges sont sèches; on met de côté les diverses espèces dans lesquelles on choisit quelques-uns des plus beaux tubercules que l'on plante au printemps suivant. Il faut trois ans à un tubercule, provenant des graines avant d'avoir acquis son développement.

Conservation. — Il faut avoir soin, après la récolte, de bien faire sécher les tubercules avant de les rentrer et de les mettre ensuite dans un endroit sec par petites couches. Si l'on craint les fortes gelées, on met une couche de paille sur les tubercules.

Fraisiers.

Famille des rosacées.

Les fraisiers se plantent de préférence en automne et au printemps par éclats — que l'on écarte des pieds-mères — à la distance de 0,25 ou 0,30 c. en tous sens, pour les variétés à petits fruits. Ils viennent bien dans nos terrains argilo-siliceux à sous-sol ferrugineux; mais ils ne durent pas longtemps. Quand les plants ont bien repris, on leur donne un léger sarclage; un second est nécessaire avant l'entrée de l'hiver; on en donne un troisième au commencement du printemps. Un paillis est nécessaire sur toute l'étendue du terrain autour de la plante pour lui conserver la fraîcheur pendant l'été.

Automne de la 2° année. — Comme les fraisiers épuisent promptement la terre, il faut, pour leur conservation, leur donner de quoi vivre en temps opportun; pour cela, on leur donne un sarclage, et on met une couche de 0,05 à 0,06 c. de terre et de terreau mêlés sur toute l'étendue de la planche. Au printemps, on donne un bon sarclage et on remet un paillis. De cette manière, vous aurez des fraises depuis le mois d'avril jusqu'en novembre, et vos plantations ne seront renouvelées que tous les quatre ans.

Pour que les fraises acquièrent toutes leurs qualités, il ne faut pas les arroser.

Les fraises de quatre saisons blanches et rouges sont celles qu'on doit cultiver de préférence.

Fraises à gros fruits.

Les fraises à gros fruits doivent être cultivées comme les précédentes; on les multiplie aussi par éclats, mais plutôt par coulants. Chez les espèces qui en produisent, la distance des touffes doit être de 0,35 ou 0,40 c.

Voici la meilleure collection des espèces qui conviennent dans le Sud et le Sud-Ouest de la France :

La fraise Marguerite, belle, bonne et très fertile.

Le Docteur Nicaise, le plus gros fruit connu.

La Superbe de Wilmott, superbe.

Les fraises Marie-Amélie, Goliath, Dowton, Aly-Smott, Crémône, Excellente, Prince-Albert, Ananas.

Les fraises à gros fruits ont, en général, l'inconvénient d'être fades et de ne donner qu'une fois l'an.

Des personnes plus savantes que moi ont dit que les fraises arrosées avec du sang de bœuf deviennent énormes; mais si cet engrais a des propriétés qu'on n'ignore point lorsqu'on est tant soit peu horticulteur, il faut avouer aussi qu'il est très cher.

Fève.

Famille des légumineuses.

La fève aime une terre profonde et largement fumée au moment de la semaille, quoiqu'elle absorbe ce dont elle a besoin pour se nourrir dans l'atmosphère; il lui faut un terrain riche pour son premier développement. On la sème en automne et au printemps, à la distance de 0,45 ou 0,50 c. en tous sens. Si l'on sème par touffes, on fait des trous où l'on dépose deux ou trois grains; si on sème en lignes, on ouvre, avec le traçoir, des raies de 0,04 ou 0,05 c. de profondeur; on dépose des grains tous les 0,15 ou 0,20 c. et on recouvre très superficiellement. Les fèves semées au printemps doivent être beaucoup plus rapprochées parce qu'elles ne tallent pas tant. Deux ou trois sarclages sont nécessaires pendant sa végétation pour ameublir le terrain.

Voici les espèces à cultiver de préférence :

1° La fève de Nice ou d'Espagne. Les cosses ont jusqu'à 0,20 et 0,25 c. de long.

2° La fève de Séville, la plus belle.

3° La fève des Marais.

4° La fève naine hâtive, haute de 0,30 c.

5° La féverolle, très productive, cultivée pour la nourriture des animaux.

GRAINS. — Les grains des plantes de la famille des légumineuses se conservent généralement deux ans; mais il faut semer de préférence les grains d'un an.

Haricots.

Famille des légumineuses.

Les haricots demandent un terrain léger, profond, riche en humus et un peu frais (1). La distance varie suivant les espèces; ils doivent être semés par touffes de quatre grains et recouverts très superficiellement, si on ne veut pas les voir pourrir. Des sarclages souvent répétés sont nécessaires pour ameublir la surface du sol et détruire les mauvaises herbes.

Voici les espèces qu'on doit cultiver :

HARICOTS A RAMES.

Les haricots de Soissons, le sabre et le plat doivent être semés à 0,40 c. en tous sens.

Le haricot du Cap, remarquable par la largeur de ses gousses, contenant seulement deux grains, est semé à un mètre de distance; il faut des rames de 2 m. 50 c. à 3 m. pour tenir ses fortes tiges.

C'est un des meilleurs haricots.

HARICOTS NON RAMÉS.

Les haricots de riz et les haricots prince, semés 0,40 c. en tous sens.

Les haricots mange-tout, semés à 0,35 c.

Les haricots de Chine à grains blancs et noirs, semés à 0,50 c. en tous sens; ils donnent des fleurs en grappes blanches et violettes.

Le haricot asperge cultivé pour la longueur de ses gousses.

Le quarantain, remarquable par sa précocité, est d'une ressource dans les ménages où l'on consomme des haricots verts. On sème ce haricot tous les quinze jours du commencement du printemps jusqu'en septembre; on jouit de ses produits depuis mai jusqu'en novembre.

---

(1) On peut semer les haricots trois ans sur le même terrain en ayant soin d'y mettre un peu de cendre lessivée.

Pois.

Famille des légumineuses.

POIS A RAMES.

Les pois viennent très bien dans les terrains de consistance moyenne; ils se sèment de préférence en automne en planches et en lignes qu'on ouvre avec le traçoir; on les place à la distance de 0,30 ou 0,35 c. entre les lignes, et sur les lignes un peu épais; on recouvre très superficiellement. Les planches doivent être de 1 m. 80 c. de large, et les chemins de 1 m. pour pouvoir les cueillir et leur donner de l'air. Des sarclages souvent répétés sont nécessaires. Au printemps, on met en quinconce sur les lignes, à 0,40 c. de distance, des branches un peu hautes pour tenir les tiges.

Les espèces qu'on peut cultiver avec avantage sont :

1º Le pois géant sans parchemin, à cosse extraordinaire et à grains très gros.

2º Le pois Michaud;

3º Le pois mange-tout.

POIS NAINS OU NON RAMÉS.

Les pois nains se sèment de préférence de février en août. Les planches doivent être de 1 m. 30 c. et les chemins de 0,50 c. En semant tous les quinze jours, on a des pois jusqu'en novembre.

Voici les meilleures espèces pour nos contrées :

1º Le nain du pays, remarquable par sa fertilité;

2º Le nain d'Auch;

3º Le nain de Hollande;

4º Le nain hâtif, très précoce:

5º Le pois Gonthier, haut de 0,25 à 0,30 c., est d'une fertilité remarquable.

Courges.

Famille des cucurbitacées.

Les courges aiment un terrain léger et très riche. Pour qu'elles donnent de très beaux produits, il faut les semer sur buttes. On fait à la distance de trois mètres en tous sens des trous de 0,60 c. carrés d'ouverture et profonds de 0,30 ou de 0,35 c.; on les remplit de bon fumier. La terre retirée du trou est remise sur le fumier. Comme cette terre ne suffit pas, on en prend encore tout autour du pied jusqu'à ce qu'on a formé un monticule haut de 0,60 à 0,70 c. et ayant 1 m. 60 c. de diamètre. Les buttes étant achevées, on met entre elles une bonne couche de fumier qu'on enterre par un bon labour. On sème vers la fin d'avril (1).

On met trois ou quatre graines dans un trou fait à la crête de la butte et on les recouvre d'une couche de terre de 0,02 c. Quand les graines ont levé, on doit éclaircir et ne laisser qu'un pied, deux au plus sur chaque butte. On donne plusieurs sarclages et arrosages autour des pieds pour les bien faire développer. Lorsque les tiges ont 0,50 ou 0,60 c., on doit faire un trou autour de chaque pied et y mettre un peu de colombine. On donne un labour général et l'on met ensuite un paillis tout autour des buttes. Les citrouilles peuvent être arrosées avec toute espèce d'engrais; mais celui qui paraît leur convenir le mieux est la gadoue (matières fécales).

Pour avoir de belles citrouilles, il suffit de forcer la plus belle espèce qui est le gros potiron jaune de Paris. A cet effet, on enlève tous les bourgeons qui se développent à la base des feuilles et on ne laisse qu'un fruit. Quand ce fruit a une certaine grosseur, on taille la branche mère à quatre ou cinq feuilles en dessus du fruit (2). Les citrouilles demandent beaucoup d'eau en été.

Les meilleures variétés pour nos contrées, sont :

Le gros potiron jaune de Paris, le plus gros des fruits. La courge de Montpellier, le pain du pauvre, la melonnette de Toulouse, la courge de Panama ronde et longue, la courge nommée vulgairement dans le pays *trompette*, la jaune longue du pays très précoce.

On extrait les graines des fruits les plus francs de l'espèce; elles se conservent deux ans.

---

(1) On peut encore semer les courges sur couches, dans des pots, pour les planter ensuite sur les buttes.

(2) En opérant de cette manière, j'en ai vu à la Ferme-Ecole du Gers qui pesaient plus de deux quintaux.

Tomate.

Famille des solanées.

La tomate doit se semer en février sur couches en lignes distantes de 0,05 ou 0,06 c. et sur chaque ligne un peu épais. Voici comment on doit procéder : on ouvre avec le doigt des raies de 0,02 c. de profondeur, puis on sème. Il faut avoir soin de tasser fortement la terre pour y faire adhérer les graines et recouvrir très superficiellement. Le plant ne tarde pas à lever. Il ne faut arroser le plant que très peu pour qu'il soit fort du pied; si on l'arrosait, il deviendrait long et grêle. On le pique sur une autre couche quand il a 0,07 ou 0,08 c. de haut, à la distance de 0,08 ou 0,10 c. en attendant de pouvoir le mettre en pleine terre, ce qui a lieu dans la dernière quinzaine d'avril ou dans la première quinzaine de mai. Après que les plants ont été piqués, on doit les arroser, mettre des châssis et les laisser couverts de paillassons, deux ou trois jours. — Règle générale pour tous les plants qui ont été piqués et repiqués sur couches, on doit donner de l'air très souvent pour que le plant ne s'étire pas trop.

CULTURE ET PLANTATION.

La tomate demande un terrain richement fumé et longtemps à l'avance pour que ses nombreuses racines puissent puiser dans le sol ce dont elles ont besoin pour entretenir la plante. Elle est plantée en planches de 1 m. 30 c. de largeur, à la distance de 0,40 c. sur les lignes et de 0,50 entre les lignes. Si l'on fait plusieurs planches, il faut laisser entre elles 1 mètre de distance pour pouvoir passer facilement avec les arrosoirs. Pour procéder à la plantation de la tomate, on fait des trous, avec un traçoir, dans lesquels on met un plant—qu'on a eu soin d'arracher avec une petite motte — qu'on recouvre de bonne terre. Sitôt que le plant a repris, on donne un premier sarclage; quelques jours après, on fait des trous autour des pieds dans lesquels on met une poignée de colombine; on donne ensuite un second sarclage en ayant soin de relever les bords de la planche pour que l'eau des arrosages puisse y rester dedans. Un peu plus tard, on met un bon paillis. Un piquet est bientôt indispensable. — On peut mettre ce piquet avant la plantation pour tenir la plante qu'on y attache avec une ligature quelconque, peau d'osiers, léche, joncs, etc.

PINCEMENT.

On doit pincer la tomate au fur et à mesure qu'elle développe ses bourgeons.

Le pincement a pour but de faire refouler la sève au profit des fruits. Pour pincer, il faut enlever tous les bourgeons qui naissent à l'aisselle des feuilles, et ne laisser que la tige mère. On reconnaît la tige mère aux bouquets qu'elle porte; elle est pincée à son tour à la hauteur de 0,70 ou de 0,80 centimètres.

Si l'on veut obtenir de beaux produits, il faut arroser copieusement la tomate; c'est une des plantes qui demande le plus d'eau.

Les espèces que l'on pourrait cultiver, sont :
1° La tomate rouge à feuilles crispées;
2° La grosse rouge ordinaire;
3° La grosse jaune;
4° La tomate à tige raide;
5° La tomate poire;
6° La tomate cerise.

Dans la Ferme-Ecole on ne cultive que la tomate à feuilles crispées qui devient énorme quand elle n'est pas atteinte de la maladie.

On réserve pour graines les tomates les plus lisses et les mieux conformées; les graines se conservent trois ou quatre ans.

Asperge.
Famille des liliacées.

SEMIS. — L'asperge se sème au printemps en planches et à la volée (1); on doit choisir un terrain riche, léger et largement fumé de l'année précédente; on sème un peu épais et on recouvre le semis d'une couche de 0,01 c. de terre et de terreau mêlés. Si le temps est sec, il est nécessaire d'arroser jusqu'à ce que le plant ait levé; quand il a 0,04 ou 0,05 c.,

(1) On peut semer en lignes distantes de 0,20 c.

on éclaircit en ne laissant qu'un pied des plus beaux tous les 0,07 ou 0,08 c. carrés. Le plant d'asperges n'est généralement bon à planter qu'à deux ans; il est donc nécessaire de le sarcler pendant ce temps, afin d'avoir de très belles griffes.

Plusieurs méthodes sont employées pour faire les aspergeries; cependant elles sont toutes bonnes, puisque avec elles on obtient partout de beaux produits.

L'asperge qui craint l'humidité qui fait pourrir les griffes, aime un terrain excessivement riche, très profond et léger. La méthode à plat est celle qui doit être préférée puisqu'elle est la plus simple et la moins coûteuse; voici comment on procède.

On commence par ouvrir une fosse de 1 m. de large sur 0,60 de profondeur. L'asperge s'enfonce très profondément si elle se trouve dans un bon terrain.— Comme les couches inférieures sont généralement peu fertiles, on peut les bonifier au moyen d'un engrais quel qu'il soit. On met dans le fond de la fosse une couche de terre végétale de 0,15 c., puis de petites couches de terre et de fumier jusqu'à la hauteur de 0,35 c. L'asperge se plante en mars et avril. — Les griffes jeunes et bien conformées sont préférées. — Les griffes doivent être plantées dans la fosse sur deux lignes distantes de 0,50 c. en tous sens et en quinconce. Pour pouvoir bien placer ses griffes, on fait de petits monticules hauts de 0,07 à 0,08 c.; le plant est déposé là-dessus et on a soin de bien faire étendre les racines sur les petits cônes (1). On recouvre le plant d'une couche de terreau de 0,03 ou 0,04 c.; on met ensuite une couche de 0,03 c. de fumier bien décomposé et le plant doit être recouvert d'une couche de terre de 0,16 à 0,20 c. Si l'on fait plusieurs planches, on doit laisser un chemin de 0,50 c. entre les fossés pour pouvoir cueillir les asperges.

1re *année*. — Des sarclages et même des arrosages sont nécessaires pendant l'été pour tâcher de bien faire développer les griffes. En automne, on donnerait un labour; si

---

(1) Si une ou plusieurs racines se trouvaient blessées, il faudrait les couper avec un instrument tranchant au-dessus des parties malades.

l'on craignait les fortes gelées, il serait prudent de mettre une bonne couche de paille ou de fumier sur toute la surface de la fosse.

2ᵉ *année*. — Au printemps, on coupe les tiges et on donne une bonne façon en ayant soin de ne pas toucher les griffes; des sarclages et une autre façon sont nécessaires en automne.

3ᵉ *année*.—Au printemps, on doit couper les tiges sèches et donner une bonne façon; des sarclages sont encore nécessaires en été. En automne, on met sur le terrain une couche de fumier bien décomposé qu'on enterre par un labour.

4ᵉ *année*. — Au printemps, on donne un labour; les asperges sortent de terre en grand nombre; on coupe les plus belles, et on a soin de laisser les autres pour ne pas épuiser les pieds. Des sarclages sont nécessaires en été.

Les années suivantes, on donne une façon en automne et au printemps, et des sarclages en été.

Tous les deux ou trois ans, en automne, on met une petite couche de fumier bien décomposé qu'on enterre par un labour, en ayant soin de ne pas toucher les griffes.

Une plantation faite de cette manière peut durer vingt ans, et donner des produits considérables et de beaux turions (tiges des asperges).

Les espèces qu'on doit cultiver de préférence sont : la précoce d'Ulm, l'asperge d'Argenteuil et la violette de Hollande.

On prend des graines d'asperges sur les pieds qui ont de cinq à dix ans: elles se conservent deux ans.

Melons.
Famille des cucurbitacées.

Je ne parlerai pas des melons de primeurs; c'est une culture de luxe. — Les cultures de luxe ne paient pas les frais qu'on leur avance.

On peut semer les melons en pleine terre, dans ces contrées, vers la fin d'avril. On pourrait encore les semer sur couches au commencement d'avril pour les planter vers la fin du mois.

Les melons peuvent être cultivés sur ados, à plat et sur

cônes. Je vais vous parler de ces trois cultures parce qu'elles sont toutes bonnes.

Cônes. — Les cônes sont de petits monticules de terre hauts de 0,45 c. sur 0,80 c. de diamètre.

Pour faire les cônes, on commence par mettre une petite couche de fumier bien décomposé de 0,05 ou 0,06 c. d'épaisseur; puis, une couche de terre de 0,12 ou de 0,15 c. On répète cette opération jusqu'à ce que l'on a atteint la hauteur voulue. On sème les graines en dessus.

Les cônes exigent de fréquents arrosages, mais peu d'eau à la fois.

Ados. — Pour les ados, on creuse des fossés larges de 0,50 c., profonds [de 0,25 c., que l'on remplit de fumier chaud; sur ce fumier, on met la terre retirée du trou, et, celle-ci manquant, on se sert de celle qui se trouve sur ses côtés, jusqu'à ce que l'on ait la quantité nécessaire pour que l'ados mesure 0,35 c. de haut au-dessus du sol sur 1 m. 20 c. de large; on passe le râteau pour enlever les mottes, et on sème sur la crête dans une raie que l'on ouvre avec le traçoir. Quand on fait plusieurs ados, il faut qu'il y ait une distance de deux mètres entre les crêtes.

A. Plat. — La culture la plus simple est celle avec laquelle on obtient quelquefois de beaux produits. Pour réussir la culture des melons à plat, mettez dans une bonne terre une couche de fumier de 0,04 ou 0,05 c. que vous enterrez avec la bêche (pellevert).

Vous semez ou vous plantez à la distance de 1 m. 20 c. en tous sens; il ne faut laisser que deux pieds à chaque distance, qui doivent être sarclés et arrosés très souvent. Quand les pieds ont acquis un certain développement — à la troisième taille par exemple — on met une couche de paillis sur toute l'étendue du terrain pour entretenir la fraîcheur aux plants.

Taille des melons.

1re Taille. — En naissant, les melons montrent deux feuilles qu'on appelle feuilles séminales ou cotylédons (1).

---

(1) A l'aisselle de chaque cotylédon se développent le plus souvent deux branches qu'il faut avoir soin de supprimer. — Ce sont les branches gourmandes.

La tige s'allonge, et les feuilles apparaissent bientôt. On doit tailler la tige sur les deux premières feuilles en dessus des cotylédons. — Cela s'appelle châtrer les melons.

2ᵉ *Taille*. — La première taille a fait développer deux branches, qui doivent être taillées sur quatre feuilles pour faire développer quatre branches de chaque côté—huit branches en tout. — Il faut avoir soin de bien les écarter.

3ᵉ *Taille*. — On taille chaque branche sur quatre feuilles.

4ᵉ *Taille*. — C'est à la quatrième taille qu'il faut faire le plus d'attention. — Il ne faut pas tailler comme on dit à tort et à travers. — Les fleurs femelles paraissant en grand nombre sur les branches, il faut tâcher d'en conserver le plus possible pour pouvoir, plus tard, conserver les plus beaux melons.

Il est indispensable de tailler sur la troisième ou quatrième feuille en dessus du fruit; si l'on ne taillait que sur une ou deux feuilles, la sève, qui arrive en trop grande abondance, ferait couler les mailles (petits melons).

5ᵉ *Taille*. — A la cinquième taille, on supprime toutes les branches inutiles sur une ou deux feuilles au-dessus de leur point de départ. La cinquième taille a pour but de faire refouler la sève au profit des fruits.

On peut laisser trois ou quatre fruits par pied.

Pour avoir de bons melons, il ne faut pas souvent arroser les pieds; quand on les arrose, il faut leur donner beaucoup d'eau; on reconnaît qu'ils en ont besoin quand les feuilles commencent à se flétrir. »

Voici les espèces qu'il est préférable de cultiver :

Le cantaloup galeux, excellent et pèse, parfois, 8 et 9 kilogrammes. — C'est celui qui devient le plus gros. — Le cantaloup ordinaire, le brodé, le noir des carmes, le sucrin de Tours à chair blanche et à chair verte, le melon d'Arkangel, le prescott hâtif (propre aux châssis) et bon nombre d'autres que je crois inutile de nommer.

GRAINES. — Les graines sont extraites des melons les mieux conformés et se rapprochant le plus de l'espèce; elles se conservent deux ans.

Melon d'eau ou Pastèque.

Famille des cucurbitacées.

Le melon d'eau est absolument cultivé comme les melons; on le sème au printemps, et on n'a pas besoin de tailler les pousses. Le pastèque mûrit difficilement dans nos contrées; il est employé à faire des confitures.

On extrait les graines des melons les plus gros et les plus jaunes; elles se conservent quatre ou cinq ans.

FIN DE LA CULTURE MARAICHÈRE.

CULTURE DU TABAC.

TABAC.

Famille des solanées.

Le tabac n'est cultivé que depuis deux ans dans nos contrées; c'est une culture très facile, mais qui pourtant exige beaucoup de petits soins.

Préparation du terrain pour le semis.

On doit réserver au tabac le meilleur carré de son jardin. On donne un bon labour en automne avec lequel on enterre une bonne couche de fumier décomposé. En février, on donne un second labour, et on divise le carré en planches de 1 m. 40 c. en laissant entre chacune d'elles un chemin de 0,40 c. Il est bon de creuser les chemins de 0,20 ou 0,25 c. pour faire égoutter l'eau; la terre retirée du chemin est mise sur les planches. Avant le semis, on doit donner un bon hersage pour bien diviser le terrain; on passe ensuite un râteau très fin pour bien niveler les planches, en enlever toutes les mottes.

Je ne parlerai pas des abris dont on peut se servir pour couvrir les planches ni des couches demi-chaudes. On obtient les mêmes résultats sans cette précaution à air libre; il est cependant utile de mettre des abris sur les côtés des planches aux expositions sud sud-ouest pour briser les vents froids qui arrivent de ces deux points au commencement du printemps.

Semis. — On sème dans les premiers jours d'avril à la volée et à raison de trois quarts de dé (instrument pour coudre) par mètre courant. Comme la graine de tabac est très fine, on la mêle avec de la cendre tamisée. — On met une poignée de cendre par dé.

On recouvre le semis avec du gravier (le gravier doit se toucher); il est préféré au sable, parce que le sable est entraîné par l'eau des bassinages. On bassine de suite après le semis, et on continue la même opération deux fois par jour à dix heures du matin et à trois heures du soir jusqu'en juin; en juin, on peut arroser le matin de très bonne heure et le soir à sept heures, — à moins qu'il ne pleuve ou que le terrain se trouve humide, — jusqu'à ce que le plant ait deux ou trois feuilles; on esherbe très souvent si cela est nécessaire pour favoriser le développement des jeunes plants.

Pour avoir des plants de tabac verts et vigoureux, il ne faut les arroser que quand on le reconnaît nécessaire, ce qui a lieu lorsqu'on ne peut qu'avec assez de difficulté plonger l'un des doigts de la main dans la terre; si on les arrose trop souvent, ils languissent, et leur couleur est bientôt celle d'un vert très pâle.

Le meilleur engrais pour favoriser le développement du tabac est, sans contredit, le guano du Pérou. Voici comment on l'emploie : On met 250 grammes de guano par arrosoir de dix litres. Deux arrosoirs suffisent pour arroser une planche de 15 mètres courants. Après avoir arrosé avec le guano, il faut arroser de nouveau avec de l'eau pure pour que l'engrais ne reste pas sur les feuilles qu'il brûlerait. On peut mettre du guano tous les cinq jours, si l'on veut, sans craindre de brûler les plants.

L'ennemi le plus redoutable pour le semis est la courtilière nommée aussi taupe-grillon, qui laboure la terre presqu'à sa surface et fait ainsi périr les jeunes plants. On arrête ses ravages avec du savon dissout dans de l'eau; il faut que le liquide soit un peu épais; deux cueillerées mises dans un trou suffisent pour en faire sortir l'insecte. Deux minutes après, il vient mourir sur le bord du trou, ou bien il meurt dans le fond de sa retraite.

PIQUAGE. — Le piquage est une très bonne opération : 1° pour éclaircir les plants; — 2° pour avoir des plants qui pourraient servir plus tard à remplacer ceux qui auraient manqué à la première plantation en pleine terre.

Le piquage se fait sur des planches très bien préparées en mettant les plants à la distance de 0,05 à 0,06 c. en tous sens. On ne doit pas choisir les plus beaux plants des planches comme on le fait habituellement; il faut les réserver pour les planter les premiers en pleine terre. On choisit de préférence de jolis petits plants qui commencent à s'allonger faute du manque d'air dans les endroits les plus épais.

On les pique à la distance indiquée plus haut avec un petit plantoir; on les arrose et on les abrite avec des branchages ou des paillassons. Les mêmes arrosages sont nécessaires pour les semis.

Dès que les plants ont bien repris, on donne un léger sarclage avec un morceau de bois pointu pour écroûter la terre, et on donne un bassinage avec de l'engrais. Il ne faut pas laisser trop vieillir les plants dans le but de les avoir plus beaux, car ils ne tarderaient pas à montrer leurs tiges florales.

PRÉPARATION DU TERRAIN POUR LA PLEINE TERRE.

On choisit de préférence un terrain de consistance moyenne, riche et profond; on lui donne une bonne fumure suivie d'un bon labour (Dans la ferme, on fume pour le tabac à raison de cent mètres cubes de fumier par hectare).

En février, on donne un second labour. Quelques jours avant la plantation, c'est-à-dire vers la fin du même mois, on donne un troisième labour suivi d'un hersage; on ameublit et on nivelle le terrain le plus possible.

PLANTATION EN PLEINE TERRE.

Le tabac est généralement bon à planter de cinquante à soixante-cinq jours après le semis; c'est-à-dire s'il est semé dans la première quinzaine du mois d'avril, il pourra être planté dans les premiers jours de juin. On réserve à chaque plant une distance de 0, 35 sur la ligne, et 0 m. 70 c. entre la ligne : la première, 0, 60, et la deuxième, 0 70 c., et ainsi de suite.

On enfonce le plant jusqu'à l'œil qu'on a soin de ne pas couvrir. Un arrosage est nécessaire pour faire adhérer la terre aux racines. Les plus grands destructeurs du tabac sont de petits vers qui rongent les jeunes tiges. Ils font, dans une seule nuit, de notables dégâts. De là naît donc l'impérieuse nécessité de faire, sans relâche, la *guerre* à cet insecte pour empêcher ou diminuer ses ravages. Voici comment on peut les détruire : On prend un petit morceau de bois pointu avec lequel on fouille autour des plants, le ver se trouve à 0,02 ou 0,03 c. dans l'intérieur de la terre d'où on le sort pour l'écraser. Ce moyen est le plus simple. Lorsque les plants ont bien repris on leur donne, tout autour des pieds, un premier sarclage avec une houe à main. Quinze jours plus tard, on en donne un second sur toute la surface du terrain. Cela fait, on enlèvera les trois ou quatre feuilles de dessus pour faire étirer le plant; quand il a 0,15 c., on doit le chausser, absolument comme le maïs, à la hauteur de 0,08 ou 0,10 c. Le chaussage a pour but de rendre le pied beaucoup plus vigoureux. Une distance de 0,10 c. est nécessaire depuis la crête du chaussage jusqu'aux premières feuilles de dessous qui ne sont jamais que d'inférieure qualité; inutile de les laisser basses, car plus elles le sont, moins elles valent.

Ebourgeonnage.

Il faut enlever tous les bourgeons qui se développent à l'aisselle de chaque feuille quand ils ont 0,03 ou 0,04 c.; c'est une opération des plus importantes, car elle a pour but de faire refouler la sève au profit des feuilles.

Pincement.

On pince le tabac sur 9, 10 ou 11 feuilles suivant le développement des pieds. Les feuilles se comptent de bas en haut. On doit pincer aussitôt qu'on le peut pour ne pas perdre ce précieux liquide qui nourrit la tige et fait développer les feuilles.

On continue d'ébourgeonner pendant tout le temps que le tabac reste sur pied; il est bon de passer tous les 5 ou 6 jours dans la plantation afin de ne laisser aucun bourgeon. S'il en restait quelqu'un il pourrait se faire que les pieds eussent, après leur coupe, un excédant de sève qui ferait développer les bourgeons au séchoir. Ces bourgeons font moisir les feuilles.

Récolte.

Le tabac est généralement mûr après avoir resté de soixante-dix à quatre-vingts jours au plus sur pied, après la plantation, c'est-à-dire que si on l'a planté dès les premiers jours de juin, il sera bon à récolter dans la première quinzaine d'août.

On reconnaît à plusieurs signes la maturité du tabac. Le plus apparent est quand les feuilles de tête sont marbrées, c'est-à-dire quand elles ont sur toute la face du parenchyme supérieur des tâches blanchâtres tirant sur le jaune. On reconnaît encore que le pied est mûr en prenant l'extrémité de sa feuille supérieure et en la mettant entre le pouce et l'index pliée en deux; on la presse, et si l'on entend un petit *cric*, on peut juger par là que le pied est mûr. Alors on le coupe avec une serpette à main; on le laisse exposé au soleil pendant deux heures pour le faire flétrir et pour ne pas déchirer les feuilles en le remuant; on le porte ensuite au séchoir où il est suspendu par des cordes attachées au haut du séchoir et qui descendent jusqu'au sol (1). Une distance de 0,35 c. est réservée entre chaque pied.

Le séchoir doit être sain et bien aéré.

---

(1) Le dernier pied doit être au moins à 0,50 c. en dessus du sol.

DES PÉPINIÈRES.

PÉPINIÈRES.

Les pépinières sont de certaines étendues de terrain ou l'on élève de jeunes arbres pour être replantés plus tard à demeure.

Il ne sera question ici que des principaux arbres fruitiers, tels que : Poiriers, Pommiers, Pêchers, Cerisiers, Amandiers, Pruniers, Abricotiers.

Les sujets qui doivent recevoir les greffes viennent de semis, de drageons et de boutures.

Semis.

On appelle ainsi des sujets venus de graines. Ces jeunes arbres prennent le nom de sujets francs.

Drageons.

On désigne sous ce nom des jets ou des pousses qui sortent en abondance à côté des tiges de certains arbres, tels que : le pommier doucin et le paradis. Les drageons servent de sujets parce qu'ils ont déjà des racines.

Boutures.

Les boutures sont des jeunes pousses d'arbres qu'on fiche en terre; quand elles ont fait des racines, elles peuvent servir de sujets.

MANIÈRE DE FAIRE LES BOUTURES.

Les boutures peuvent se faire depuis l'automne jusqu'au printemps. On emploie pour faire des boutures de fortes pousses de l'année, en ayant soin de ne pas laisser de crossette (vieux bois). La longueur des boutures est de 0,35 c. Le terrain qui doit les recevoir doit être bien divisé et travaillé profondément. On laisse entre les lignes pour les boutures une distance de 0,35 c. et sur les lignes, celle de 0,10 c. Pour les piquer, on les prend par leur milieu, et on les enfonce jusqu'à l'extrémité si l'on peut; on coupe ensuite les boutures à 0,05 c. de terre. Deux ou trois sarclages sont nécessaires pour nettoyer le sol pendant l'été. Au printemps, les boutures sont bonnes à mettre en pépinière pour servir de sujets.

Semis de noyaux.

On sème tous les noyaux au printemps dans un terrain bien meuble, riche et un peu frais. Pour les semer, on ouvre des raies distantes de 0,30 ou 0,35 sur 0,07 ou 0,08 c. de profondeur, on sème épais et on recouvre le semis. Deux ou trois sarclages suffisent pendant l'été. Une partie des sujets qu'on a semés sont bons à planter en pépinière le printemps suivant.

Semis de pépins.

On sème les pépins (graines qui se trouvent au centre de certains fruits) dans un terrain léger, riche en humus et frais, de la manière suivante : on ouvre des raies distantes de 0,25 c. sur 0,05 c. de profondeur; on sème un peu clair dans les raies pour avoir de beaux sujets et on recouvre le semis d'une couche de terre de 0,02 ou 0,03 c. Des arrosages sont nécessaires pour la levée si le temps est sec. Deux ou trois sarclages suffisent pendant l'été.

SUJETS QUI PEUVENT SERVIR A GREFFER LES ARBRES FRUITIERS SUIVANTS :

Poirier. — Le poirier se greffe sur franc, sur coignassier et sur l'aubépine blanche pour avoir des sujets nains.

Pommier. — Le pommier se greffe sur franc, sur doucin et sur paradis pour avoir des sujets nains.

Pêcher. — Le pêcher se greffe sur franc, sur amandier, sur prunier et sur l'aubépine noire pour avoir des sujets nains.

Abricotier. — L'abricotier se greffe sur franc et sur le prunier mirobolan qui vient de boutures.

Amandier. — L'amandier se greffe sur lui-même. On sème de préférence les amandes à coque dure pour avoir les sujets.

PRUNIER. — Le prunier se greffe sur franc et sur mirobolan.

CERISIER. — Le cerisier se greffe sur franc, sur le cerisier de Ste-Lucie et sur le mérisier des bois.

Préparation du terrain.

On doit choisir pour les pépinières un terrain sain, riche et profond pour que l'humidité ne fasse pas pourrir les racines dans la terre. Le terrain doit être aussi défoncé en automne à la charrue ou à bras avec la bêche à deux pointes à la profondeur de 0,40 c. Si l'on procède avec la charrue, on donne un bon labour en automne suivi de la fouilleuse; en février on en donne un second et, avant de planter, un troisième suivi de plusieurs hersages pour bien niveler et ameublir le terrain.

Distribution du terrain.

Le terrain doit être divisé en carrés de trois ou quatre ares pour donner de l'air aux jeunes arbres. Les allées doivent au moins mesurer 1,50 de largeur pour faire les paquets et les emballages.

Distance des sujets entre les lignes.

La distance des sujets entre les lignes doit être de 0,70 c.

Distance réservée pour les sujets sur les lignes.

	m. c.
Pour le poirier sur franc................................	0 40
— coignassier....................	0 35
— aubépine......................	0 30
Pour le pommier sur franc......................	0 45
— doucin....................	0 40
— paradis....................	0 30
Pour le pêcher, l'amandier, le prunier, le cerisier et l'abricotier	0 40

Epoque préférable pour faire les pépinières.

On fait de préférence les pépinières au printemps; mais on peut aussi les faire en automne.

Habillage des jeunes plants.

L'habillage est une opération par laquelle on coupe toutes les racines latérales des jeunes plants à 0,02 ou 0,03 c. de leur point de départ, afin de renouveler une partie des racines et pour faciliter et mieux assurer la réussite de la plantation. On coupe quelquefois le pivot quand il est trop long.

Manière de planter les arbres en pépinière.

Avant de planter, il faut tendre le cordeau sur la ligne, étendre les plants à côté du cordeau, et être *armés* d'une bêche de pépinière (pioche) qu'on enfonce dans le sein de la terre à côté du cordeau, jusqu'à la douille : on tire le manche vers soi afin de faire un trou derrière la pioche; on prend ensuite un plant de la main gauche et on le dépose dans le trou le plus profondément possible; cela fait on retire l'instrument et on tasse la terre un peu fortement avec le derrière de la pioche; cela suffit pour assurer sa reprise. Si le soleil était ardent quand on plante, il serait prudent de mettre le plant dans l'eau pour ne pas le laisser dessécher.

Un homme habitué au maniement de la pioche peut, dans un terrain convenablement préparé, planter 10 ares de terrain par jour.

Rabattage des jeunes plants.

Après avoir planté, il faut couper les jeunes arbres à 0,05 c. au-dessus du niveau du sol; cela s'appelle rabattre.

Façons.

Le rabattage étant achevé, on donne au crochet une façon un peu profonde, pour commencer de faire développer les plants. 2 binages sont nécessaires jusqu'en automne pour détruire les herbes.

Ebourgeonnage.

Il faut avoir soin d'enlever tous les bourgeons qui commencent à se développer, à l'exception du plus vigoureux. Cette opération a pour but de faire refouler la sève sur ce bourgeon qui doit plus tard recevoir la greffe. Il faut, autant que possible, avoir des jets vigoureux pour pourvoir placer de beaux écussons — la reprise est plus sûre. — Il faut continuer l'ébourgeonnage jusqu'à ce que l'écusson soit sur le sujet.

Espèce de greffe.

Les pépinières des arbres fruitiers doivent se greffer de préférence en écusson à œil dormant, c'est-à-dire à œil qui ne pousse qu'au printemps qui vient immédiatement après l'opération du greffage.

Epoque à laquelle on peut greffer.

L'abricotier sur le prunier doit être greffé de préférence vers la fin de juillet.

Tous les autres arbres doivent être greffés préférablement en août.

Ligature pour greffer.

La meilleure ligature est la lèche paille avec laquelle on fait les chaises. Elle a l'avantage de ne pas étrangler le sujet et de se desserrer quand il le faut.

Préparation de la lèche.

On prend de préférence celle qui est venue dans un terrain maigre, — on coupe le pied jusqu'aux premières racines — on la met à sécher à l'ombre; quand elle est assez sèche, ce qui a lieu dans huit ou dix jours, on la divise en lanières longues de 0,35 à 0,50 c., larges de 0,02 c.; quand elle est trop sèche, on la met dans de l'eau; en moins d'une heure elle se ramollit.

Greffons.

Pour avoir de beaux écussons, on doit choisir de préférence des jets vigoureux bien aoûtés, c'est-à-dire qui ont à peu près acquis tout leur développement. Il faut se garder de greffer les extrémités des greffons, parce que les yeux ne sont pas toujours bien formés.

Préparation des greffons.

Après avoir coupé un greffon, on supprime toutes les feuilles à 0,01 c. du pétiole, ou queue, c'est-à-dire de leur point de départ.

Si le temps est chaud, il faut mettre tous les greffons dans un arrosoir où l'on a mis de l'eau, car, sans cela, ils se flétriraient. On doit surtout bien séparer les espèces.

Préparation des sujets.

Il faut avoir soin d'enlever toutes les branches latérales du sujet afin de pouvoir bien placer l'écusson.

Du sujet et du greffon.

On doit placer son écusson à 0,10 ou 0,15 c. au-dessus du sol. Il faut choisir un endroit très lisse pour pouvoir bien insérer l'écusson sous l'écorce; on le place toujours sur l'endroit le plus creux du sujet afin que la greffe pousse plus tard sans former un coude. On prend son greffoir de la main droite, on fait sur l'écorce du sujet une incision transversale et une autre longitudinale en forme de T long de 0,02 c.; on ouvre les lèvres de l'écorce avec la spatule du greffoir. Cette opération est très facile à faire lorsque l'arbre que l'on veut greffer a beaucoup de sève.

Du greffon.

On prend son greffon de la main gauche, on fait un petit cran (1) en dessus de l'œil. Les écussons doivent avoir au moins 0,01 c. en dessus et un autre en dessous de l'œil. On passe le milieu de la lame du greffoir entre l'écorce et l'aubier; arrivés à l'œil, on lève un peu le dos du greffoir pour ne pas couper l'œil. Si après avoir vu l'écusson l'on s'aperçoit qu'il y a du bois, on l'enlève avec les ongles du pouce et de l'index.

Insertion de l'écusson dans le sujet.

Pour placer l'écusson, on le prend par le pétiole avec le pouce et l'index de la main gauche; avec la droite, on sou-

---

(1) Petite entaille transversale au-dessus de l'écusson et au moyen de laquelle on peut facilement connaître quelle est l'épaisseur de l'écorce.

lève les deux parties de l'écorce avec la spatule du greffoir, et dans cette double ouverture on introduit l'écusson. C'est très facile et il ne faut qu'un peu d'habitude pour opérer avec dextérité.

Ligaturage.

C'est de la manière de ligaturer que dépend le plus souvent la réussite de l'écusson. Bien des personnes savent parfaitement lever les écussons, mais elles ne savent pas ligaturer. Voici comment on doit procéder : On prend une lanière de lèche qu'on tient de la main gauche; on place une de ses extrémités à 0,02 c. plus bas que l'œil de l'écusson; avec la droite, on entoure avec la ligature la jeune tige : arrivés au-dessous de l'œil, on le presse avec l'un des doigts contre la tige; on continue de ligaturer jusqu'à 0,02 ou 0,03 c. au-dessus de l'œil en ayant soin de ne pas le couvrir. On fait un nœud à la fin de la ligature pour que la lèche ne se desserre pas.

Au bout de huit jours, on peut reconnaître si l'écusson a pris sans défaire la ligature. On prend le pétiole par son extrémité; s'il se détache et qu'il soit vert à la base de l'œil, on est sûr qu'il a réussi; s'il n'a pas pris, on le pose de nouveau.

Un homme expérimenté peut poser en moyenne de 500 ou 600 écussons par jour.

Façon d'automne.

On donne, en automne, une façon avec la bêche à deux pointes; elle est suffisante jusqu'au printemps.

Printemps, été et automne de la 2ᵉ année.

Si toutes les ligatures ne sont pas tombées on doit les enlever.

On doit couper tous les jeunes sujets à 0,02 ou 0,03 c. au-dessus de l'écusson. De nombreux bourgeons se développent, il faut avoir bien soin de les enlever au fur et à mesure qu'ils poussent pour favoriser le développement de la greffe. Si une partie des greffes n'a pas réussi, on laisse développer un des bourgeons qu'on greffe en août. On pourrait bien greffer en fante, mais je n'adopte cette espèce de greffe que pour les gros sujets.

Une façon est nécessaire après le premier ébourgeonnage. On continue d'ébourgeonner quand c'est nécessaire; il ne faut jamais trop retarder ce travail parce qu'autrement on s'exposerait à déchirer l'écorce ou bien on serait obligé de se servir de la serpette ou du sécateur, ce qui demanderait beaucoup de temps.

Plusieurs houages sont nécessaires en été pour entretenir la propreté dans les pépinières.

Hiver et printemps de la 3ᵉ année.

Si l'on veut avoir des sujets minces et élancés on doit supprimer toutes les jeunes branches qui sont sur les côtés de la tige.

Si au contraire on veut les avoir gros, il faut laisser beaucoup de petites branches. C'est ce qu'on doit chercher.

Quand un sujet est très mince, on doit le rabattre sur un œil du côté opposé à la greffe pour qu'il s'élance droit— on perd un an mais le sujet est beaucoup plus vigoureux. Une façon à la bêche est nécessaire au printemps et en automne et des binages en été pour tout le temps que les arbres restent en pépinière.

Printemps, été et automne.

De nombreux bourgeons se développent sur les tiges des jeunes arbres; on doit pincer sur une longueur de 0,10 à 0,15 c. tous les bourgeons qui en proviennent lorsqu'ils sont à l'état herbacé, c'est-à-dire quand ils sont tendres.

On peut planter ou livrer tous les sujets à la vente, parce qu'il est une chose à remarquer que plus les arbres sont jeunes, plus ils reprennent facilement. Voici pourquoi : comme les jeunes arbres n'ont pas encore les racines bien développées, on ne les abîme pas en les arrachant.

Voici comment on conduit ceux qui restent en pépinière.

Il faut les étêter à une certaine hauteur; ordinairement c'est de 1ᵐ 50 à 1ᵐ 80 pour diviser la tige en plusieurs branches.

Il y a certaines personnes qui préfèrent planter des arbres

de 3, 4 et même 5 ans; mais je ne partage pas leur opinion.

J'engage à planter les arbres en automne plutôt qu'au printemps, surtout dans les terrains un peu secs.

NOTE.

Si malgré la simplicité, je dirai même la banalité de mon style, je n'ai pu parvenir à être compris, soit parce que je ne me serais pas expliqué d'une manière assez claire et assez nette pour toutes les intelligences, soit pour tout autre motif, je prie mes lecteurs de croire que je serai toujours disposé à leur fournir, avec la plus grande célérité, les explications et les renseignements qui me seront par eux demandés.

Je dirai plus. Dans le cas où certains propriétaires ou autres personnes auraient besoin de mon concours pour telle ou telle culture, telle ou telle plantation, je le leur offre d'avance si, toutefois, des occupations pressantes dans la ferme-école ou ailleurs ne m'obligeaient de le leur refuser.

Dans le courant de l'année, j'espère faire paraître un petit traité tout pratique sur la plantation, les greffes et la taille des arbres fruitiers.

LISTE DES MEILLEURS FRUITS (1).

Poires précoces.
Fin juin, Juillet.

NOMS DES FRUITS PAR ORDRE DE MATURITÉ.

1. Sept en gueule.
2. Madeleine ou citron des Carmes.
3. Giffart.
4. Gros Blanquet.
5. Doyenné de juillet.
6. Muscat Robert.
7. Cuisse Madame.
8. Bellissime d'été.

POIRES DU MOIS D'AOUT.

1. Beurré superfin.
2. Suprême de Quimper.
3. Adam.
4. Amadote.
5. Fleur de Guigne.
6. Madame.

POIRES DU MOIS D'AOUT ET DE SEPTEMBRE.

1. Williams.
2. Chair à Dame.
3. Duchesse de Berry.
4. Amanlis.
5. Louise bonne d'Avranches.
6. Double Philippe.
7. Goubault.
8. Beau présent d'Artois.
9. Belle de Bruxelles.
10. Beurré Nantais.
11. Besi de Montigny.
12. Doyenné.
13. Doyenné Boussoch.
14. Dubreuil père.
15. Henri Bivort.
16. Pie IX.
17. Professeur Dubreuil.
18. Reine des Belges.
19. Poire des Deux-Sœurs.

POIRES DU MOIS DE SEPTEMBRE ET D'OCTOBRE.

1. Beurré d'Amboise.
2. Bon chrétien Napoléon.
3. Bonne d'Ezée.
4. Colmar d'Eté.
5. De Dame.
6. Gracioli.
7. Hardy.
8. Duchesse d'Angoulême.
9. Général Totleben.
10. Duchesse Panachée.
11. Des Urbanistes.
12. Ananas.
13. B. Capiaumont.
14. B. Hardi.
15. Bon Chrétien d'été.
16. Epine rose.
17. Jalousie de Fontenay-Vendée.
18. Longue verte.
19. St-Michel Archange.
20. B. d'Albret.
21. Souvenir du Congrès.

(1) On trouvera une partie de ces espèces dans nos pépinières.

POIRES DES MOIS D'OCTOBRE, NOVEMBRE ET DÉCEMBRE.

1. B. Bosc.
2. Conseiller de la cour.
3. Diel.
4. Henriette.
5. Napoléon.
6. Nec plus meuris.
7. Sucré vert.
8. Tilloy.
9. Antoinette.
10. Moiré.
11. Duchesse d'Orléans.
12. B. Six.
13. Bon chrétien fondant.
14. Dix.
15. Fondante du Comice.
16. Henri IV.
17. Délices d'Angers.
18. Doyenné Sieule.
19. Van Mons Léon Leclerc.
20. Calebasse monstre ou van marum.
21. Besi Goubault.
22. Bonne des Malines.
23. Belle Epine du Mas.
24. Figue d'Alençon.
25. Monseigneur Affre.
26. Nec plus meuris.
27. Pater noster.
28. Belle alliance.
29. Belle de Thouars.
30. Crassane.
31. Gilôt.
32. Jules Bivort.
33. Clergeau.
34. Colmar d'Arenberg.
35. Duc de Nemours.
36. Jules Bivort.
37. Nouveau poiteau.
38. Colmar.
39. Epine d'hiver.
40. Besi de Héric.
41. Marquise.
42. Comte de Flandres.
43. Doyenné du Comice.
44. Triomphe de la Pomologie.

POIRES DES MOIS DE JANVIER, FÉVRIER ET MARS.

1. Général Canrobert.
2. Chaumontel.
3. Orange d'hiver.
4. Belle de Noël.
5. Bronzée.
6. De Luçon.
7. Comte de Paris.
8. Comtesse de Paris.
9. Epine d'hiver.
10. Orange d'hiver.
11. Triomphe de Jodoigne.
12. Angleterre d'hiver.
13. Colmar des Invalides.
14. Nonpareille.
15. De Rance.
16. Beurré de février.
17. Duchesse d'hiver.
18. Doyenné d'hiver.
19. Suzette de Bavay.
20. Beurré d'Arenberg.
21. Bretonneau.

POIRES QUI MURISSENT AU PRINTEMPS.—AVRIL ET MAI.

1. Besi des Vétérans.
2. Bergamote Esperen.
3. D° Fortunée.
4. Muscat l'Allemand.
5. De Bollwiller.
6. Impériale à feuilles de chêne qui se conserve jusqu'à la fin de mai.

MEILLEURS FRUITS POUR COMPOTE OU A CUIRE.

1. Beurré Capiaumont.
2. Bishop's thumb.
3. Franc Réal.
4. Colmar d'Arenberg.
5. Gilot ô Gâle.
6. De Curé.
7. De Livre.
8. Martin Sec.
9. Besi d'Héry.
10. Bon chrétien d'Espagne.
11. id. d'Auch.
12. Tarquin des Pyrénées.
13. Catillac.
14. Belle angevine, une des plus grosses poires connues.

Pommes.
NOMS DES FRUITS.

1. Calville d'été.
2. Grand Alexandre.
3. Ménagère.
4. Reinette Franche.
5. Reinette du Canada,
6.   id.   des Basques.
7.   id.   Grise.
8. Buckar.
9. Pomme d'Ile.
10. Calville blanc.
11. Pomme anis.
12. Royale d'Angleterre.
13. Royale de Pologne.
14. Greaves pippin.
15. Belle des bois.
16. Calville des femmes.
17. Pomme d'Ile.
18. Museau de lièvre rouge et blanc.
19. Api rose.
20. Calville rouge.

Prunes.
NOMS DES FRUITS.

1. De Montfort.
2. Prunes d'Agen.
3. Reine Claude verte.
4. Prune abricotée.
5. Damas violet.
6. Coe's Golden Drop.
7. Sainte Catherine.
8. Reine Victoria.
9. St-Martin.
10. Pêche.

Pêchers.
PÊCHES DU PAYS.
Nom des espèces.

1. Blanche précoce.
2. Grosse jaune.
3. Grosse rouge.
4. Roussane.
5. Pêche vineuse.
6. Grosse jaune tardive.
7. Pavie blanc.

PÊCHES ÉTRANGÈRES.

9. Madeleine rouge.
10. Reine des vergers.
11. Pêche à bec.
12. Galande ou noire de Montreuil.
13. Bon ouvrier.
14. Belle conquête.
15. Bourdine.
16. Téton de Vénus.
17. Belle Beauce.
18. Chancelière.
19. Madeleine de Courson.
20. Admirable jaune.
21. Chevreuse.
22. De Syrie.
23. Sanguine.
24. Belle de Vitry.
25. Grosse Mignonne.

Brugnons.

1. Elruge nectarine.
2. Brugnon blanc.
3. Brugnon Jaune.
4.   id.   Stanwick.

Abricotiers.
NOMS DES ESPÈCES.

1. Abricot précoce.
2.   id.   commun.
3.   id.   pêche.
4. Abricot Royal.
5.   id.   Alberge de Tours.

Cerisiers.

NOMS DES ESPÈCES.

1. Bigarreau Napoléon.
2.   id. de Mazel.
3. Cerise anglaise hâtive.
4.   id. tardive.
5.   grosse à la livre.
6.   Reine Hortense.
7. Cerise Impératrice Eugénie.
8. Griotte du Portugal.
9. De Planchoury.
10. Griotte Impériale.
11. De la Toussaint.

PÉPINIÈRES DE BEYRIE.

PRIX DES ARBRES.

Poiriers d'un an de greffe pour pyramides	0,40^c
Poiriers de 2 ou 3 ans haute tige sur coignassier	0,50
Id. sur franc	0,60
Pêchers haute tige	0,50
Pruniers id.	0,50
Amandiers id.	0,50
Cerisiers id.	0,50
Pommier sur franc	0,60
Id. sur doucin	0,50
Id. sur paradis ou nains	0,30

On trouvera aussi une certaine quantité d'arbres forestiers et d'ornement.

NOMS DE QUELQUES ESPÈCES D'ARBRES FRUITIERS QUI SONT DANS NOS PÉPINIÈRES.

Poiriers.

Calebasse monstre. — Colmar d'Aremberg. — Belle alliance. — Catillac. — Aurore. — Angleterre d'hiver. — Angélique de Bordeaux. — Amanlis. — Epine du Mas. — Tarquin. — Duchesse d'Angoulême. — Clergeau. — Triomphe de Jodoigne. — Louise bonne d'Avranches. — Duchesse de Berry. — Colmar des Invalides. — Gilôt. — Epargne. — Duchesse de Mars. — Belle angevine. — Belle de Bruxelles. — Curé. — Adam. — Impériale à feuilles de chêne. — Beurré d'Aremberg. — Général Totleben. — Verte longue. — Fondante des Bois. — Moiré. — Bronzée. — Napoléon. — Colmar. — Bretonneau. — Hardy. — Rancé. — Franc-Réal. — De Coq. — Bonne d'Ezée. — Bergamote. — Bézi de Héric. — Belle de Noël. — St-Michel Archange. — Belle de Thouars. — Bishop's Thumb. — Beurré de février. — Poire d'Auch. — Beurré Giffart. — Colmar d'été. — Délices d'Angers. — Diel. — Williams, etc. — Epine d'hiver. — Orange d'hiver.

Pêchers.

Pêches du pays. — Blanche précoce. — Grosse jaune. — Grosse rouge. — Roussane. — Jaune tardive. — Pavie blanc. — Pêches étrangères. — Madeleine blanche. — Pourprée hâtive. — Admirable jaune. — Bourdine. — Grosse mignonne. — Chevreuse. — Reine des vergers. — Pêche à bec. — Madeleine rouge. — Nivette veloutée.— Pêche de Montreuil. — Brugnon Stanwick, etc.

Pruniers.

Reine claude verte. — Reine claude verte transparente. — Prune abricotée. — Damas violet, prune d'Agen.

Amandiers.

Grosse sultane. — Princesse. — Marie Dupuy.

Abricotiers.

Abricot commun — précoce — pêche.

Cerisiers.

Anglaise hâtive. — De planchoury. — Bigarreau Napoléon. — Bigarreau de Mezel. — Reine Hortense. — Impératrice Eugénie. — Grosse à la livre. — Griotte du Portugal, etc.

Pommiers.

Pomme rose. — Royale d'Angleterre. — Buckar. — Belle des bois. — Pomme anis. — Grand Alexandre. — Api rose. — Calville blanc. — Calville rouge. — Greaves pippin. — Reinette du Canada. — R. grise. — R. lelieur. — R. grand'mère. — R. de Pologne. — R. franche. — R. de Rouen. — Calville des femmes, etc.

TABLE DES MATIÈRES

contenues dans

L'OUVRAGE PAR LETTRE ALPHABÉTIQUE.

Arroche ou belle dame......	23	Cresson de fontaine.......	20
Ail ordinaire.............	37	— vivace..........	20
Ail poireau.............	37	Estragon...............	22
Asperge.................	51	Echalotte...............	38
Aubergine violette........	32	Epinards...............	34
— jaune..........	29	Fève...................	46
Artichaut................	24	Fraisiers...............	45
Betterave................	38	Graines................	18
Coffres..................	9	Gombo.................	18
Châssis.................	9	Gesse ou pois carré.......	23
Couches.................	10	Haricots................	47
Crémaillères.............	11	Introduction............	5
Calendrier des semis......	14	Igname de la Chine......:	19
Cultures.................	18	Liste des meilleurs fruits...	19
Ciboule.................	18	Laitues.................	25
Chicorée frisée et scarole...	43	Lentille................	23
— sauvage..........	22	Margosse	19
Cardon..................	22	Melon..................	53
Carotte.................	40	Morelle................	21
Céleri..................	31	Moutarde...............	21
Cerfeuil.................	20	Mâche.................	20
Colza...................	29	Navet..................	34
Culture du chou de Dax....	26	Oignon commun..........	33
Chou-fleur...............	29	— de Lescure (1).....	33
— brocolis	29	Oseille.................	22
— de Habas et Milan	27	Plantes potagères.........	9
— caubes..........	27	Paillassons.............	11
— rave et navet...	28	Pépinières de Beyrie.......	67
— de Bruxelles....	28	Poireau................	35
— de Chine........	28	Poirée ou bette...........	35
— de Pâques ou cavalier.	28	Piment.................	36
		Pomme de terre..........	43
Capucine................	19	Patate (2)..............	41
Chenillette..............	20	Pissenlit................	21
Concombres ou cornichons.	30	Panais.................	31
Courge..................	48	Persil..................	35
— orange	29	Pourpier................	19
Cresson alénois...........	20	Pastèques ou melon d'eau..	56

Pimprenelle	19	Salsifis	43
Pépinières	67	Scarole ou chicorée à larges feuilles	43
Pois commun	48	Scorsonère	42
— chiché	23		
Rhubarbe	22	Tomate	50
Romaine	26	Tétragone	30
Radis d'hiver	39	Thym	21
Rave	34	Topinambour	24
Réchauds	11	Tabac (culture)	59

FIN

www.ingramcontent.com/pod-product-compliance
Lightning Source LLC
LaVergne TN
LVHW020326100426
835512LV00042B/1698